KIRCHHOFF
VORSTELLUNGEN VOM ATOM 1800-1934
VON DALTON BIS HEISENBERG

PRAXIS-Schriftenreihe · Abteilung Physik · Band 58
Herausgeber: StD Max-Ulrich Farber

Vorstellung vom Atom 1800-1934
Von Dalton bis Heisenberg

Zur Geschichte und Didaktik

Von
Dipl.-Phys. HANS-W. KIRCHHOFF
Köln

AULIS VERLAG DEUBNER & CO KG
Köln

Die Deutsche Bibliothek – CIP-Einheitsaufnahme

Kirchhoff, Hans-W.:
Vorstellungen vom Atom 1800-1934, von Dalton bis Heisenberg : zur Geschichte und Didaktik / von Hans-W. Kirchhoff. – Köln : Aulis-Verl. Deubner, 2001
(Praxis Schriftenreihe : Abteilung Physik ; Bd. 58)
ISBN 3-7614-2300-4

Best.-Nr. 1057
Alle Rechte bei AULIS VERLAG DEUBNER & CO KG, Köln, 2001
Druck und Bindung: Siebengebirgs-Druck, Bad Honnef
ISSN 0938-5517
ISBN 3-7614-2300-4

Das vorliegende Werk wurde sorgfältig erarbeitet. Dennoch übernehmen Autor, Herausgeber und Verlag für die Richtigkeit von Angaben, Hinweisen und Ratschlägen sowie für eventuelle Druckfehler keine Haftung.

Inhaltsverzeichnis

Vorwort 6

Historischer Teil

1. Wege, die zu Daltons Atom führten 7
2. Daltons Atomvorstellungen. 15
3. Atomchemie/-physik von 1820 bis 1860 21
4. Kinetische Gastheorie 25
5. Elementarladung 29
6. Das Periodensystem der Elemente 32

7. Anzeichen einer Struktur des Atoms 34
8. Atommodelle auf experimenteller Grundlage 40
9. Die Radioaktivität 44
10. Masse- und Ladungsverteilung im Atom 50
11. Strahlung und ihre Quanten 53
12. Atomare Energiezustände 62
13. Röntgenstrahlen. Innere Elektronen im Atom 67

14. Die Sommerfeldschule 69
15. Das Atom als magnetischer Dipol 73
16. Der Elektronenspin 76
17. Photonen und Elektronen 80

18. Quantenmechanik (1924-1929) 84
19. Anfänge der Kernphysik 93
20. Beginn der Elementarteilchenphysik (bis 1934) 100
21. Zur Entwicklung nichtklassischer Theorien 104

Didaktische Literatur (Stand 1999)
Originalarbeiten und Allgemeines 112
Aufsätze zu Unterthemen 114-125
Quantenphysik 120
Kernphysik 123
Zusammenfassende Darstellungen. Experimente 126
Schriftliche Übungen (Klausuren. Tests). Referate 127
Zur Physikgeschichte im Physikunterricht 128

Register 129

Vorwort

Die Historie der Entdeckungen besitzt im Physikunterricht bis heute keinen hohen Stellenwert. Dabei lässt sich mit historischen Fallbeispielen - als didaktisches Mittel eingesetzt - die Behandlung von dazu geeigneten Gegenständen lebensnäher gestalten (s. Literatur auf Seite 128). Dabei erhält der Schüler einen Einblick in das Wechselspiel von Theorie und Experiment beim Vorgehen der Forscher und er lernt deren Zähigkeit und Fleiß zu würdigen. Dass dabei die Verwirklichung der Ideen nicht immer geradlinig zum Ziel geführt hat, kann beim Schüler das Gefühl der eigenen Unsicherheit beim Eindringen in einen für ihn neuen Stoff mildern.

Für Physik-/Chemielehrer, die auch einmal vor historischem Hintergrund unterrichten möchten, bietet dieses Büchlein Material zum Thema Atommodelle. Der historische Abriss im ersten Teil zeigt auf, wie sich der Begriff vom Atom in dem betrachteten Zeitabschnitt entwickelt hat: Vom Ringen der Chemiker und Physiker um den Element- und Atombegriff im 19. Jahrhundert, über die Periode der halbklassischen Quantenphysik (1900-1924; Anwendung der Planckschen Quantentheorie zur Konstruktion von Atommodellen), bis zum neuen mathematischen Fundament des Atombegriffs, der Quantenmechanik (1924-1929). Den Abschluss bilden die Grundlagen der Kernphysik. Von 1934 an trat das Atom als Ganzes mehr in den Hintergrund zugunsten der weiteren Erforschung des Atomkerns und der Elementarteilchen sowie dem Verhalten des Atoms in Atomverbänden, z.B. in der Festkörperphysik.- In den *Zitaten* kommen Forscher und Physikhistoriker zu Wort. Die Portraits entstammen Fotos des Deutschen Museums in München. Der zweite Teil (Seite 112-128) ist eine Recherche der didaktisch-methodischen Literatur. Die Vorträge auf Tagungen des DPG-Fachverbandes 'Didaktik der Physik' können beim Autor angefordert werden.

Die Entwicklung des Atombegriffs, der die Naturwissenschaften seit der Antike begleitet hat, ist besonders geeignet, die wissenschaftliche Vorgehensweise der Chemiker und Physiker nachzuvollziehen. So schreibt Cassirer 1923: *Der Atombegriff ist nicht nur einer Landkarte zu vergleichen, die das erforschte Gebiet vollständig und übersichtlich darstellt; er gleicht weit mehr einem Kompaß, der der Forschung in die Hand gegeben ist und der sie immer wieder zu fernen unbekannten Küsten leitet...Daß durch ihn völlig neue Tatsachen entdeckt werden können, gerade diese Funktion ist es, die der Atombegriff im Verlauf seiner Geschichte fort und fort erfüllt und bewährt hat* („Determinismus und Indeterminismus in der modernen Physik").

Hans-W. Kirchhoff

1. Wege, die zu Daltons Atom führten

1.1 Vorläufer der chemischen Atomlehre im 17. Jahrhundert

Zu Beginn des 17. Jahrhunderts kam es zu einer Neubelebung der atomistischen Lehren des **Leukipp** und **Demokrit** (5.Jahrhundert v.Chr.). Nach Ihnen besteht alles Seiende aus kleinsten, unteilbaren Teilchen, den Atomen. Die Unterschiede der Dinge und ihre Veränderung rühren von den Unterschieden der Atome und ihrer Bewegung her. So gibt es nicht nur große und kleine Atome, sondern auch eckige (Erde), feine (Feuer) und sehr feine Atome (Seele). Aus ihrer Beweglichkeit schließen die Philosophen auf das Vorhandensein von leerem Raum; dieser gehört nicht zum Seienden.

Ein Gegner dieser atomistischen Auffassung von den Dingen, die der Mensch beobachtet, war **Aristoteles** (384-322 v.Chr.). Für ihn ist die Annahme eines qualitätslosen Stoffes undenkbar. Nach ihm muß es ein Strukturprinzip geben, die Form (griech.: morphe), welche die Gesamtheit der Eigenschaften zum Ding macht. Und es muss etwas dasein, das diese Struktur empfängt, die Materie (griech.: hyle). Erst die Form macht die Materie zur Substanz (Hylemorphismus). So ist der Stoff für Aristoteles stets qualitativ bestimmter Stoff. Seine Elementenlehre wurde im Mittelalter übernommen (Scholastik), während die Atomlehre als antireligiös unterdrückt wurde. Alle anderen Ansätze zur Beschreibung der Stoffe, insbesondere die Alchemie in Ägypten, Arabien und China (das „Tao"), können für die im 17. Jahrhundert einsetzende Atomistik unberücksichtigt bleiben. *Nur die griechische Philosophie kann den Anspruch erheben, Ursprung unseres naturwissenschaftlichen Denkens zu sein.*

Atom- wie Elementenlehre des Altertums dienten nicht der Erklärung von naturwissenschaftlichen Phänomenen, sondern sollten das Problem des Seins lösen. Allein weil das Seiende unwandelbar ist, waren die Atome unteilbar, und nicht wegen der Unmöglichkeit der weiteren Zerlegung. Dies war erst das Argument der Vertreter der neuen Atomlehre im 17. Jahrhundert. **Sennert** (1572-1637) sagt: *Es wird nämlich ... nicht gefragt, ob ein Kontinuum mathematisch teilbar sei, sondern ob die Natur bei der Auflösung ... der Körper bei bestimmten kleinsten Teilchen haltmacht.* **Gassendi** (1592-1655) argumentiert so: Denn wären die Atome selbst wieder zerlegbar, so würde man nie an ein Ende der Auflösung gelangen. Die Natur vermag aber ein Etwas nicht in Nichts aufzulösen. Also muss es notwendigerweise etwas nicht weiter Aufzulösendes geben, das noch Materie ist, jedoch eine sehr kleine, aber bestimmte Größe hat. Das sind die Atome (/5/).

Mit dem zerbrechenden Ptolemäischen System zerbrach auch die kosmische Elementenlehre. (Das Feuer wurde in der Chemie nicht mehr als Element anerkannt). **Jungius** (Jung, 1586-1657) brachte als erster eine chemisch-analytische Definition des Begriffs „Element": Elemente sind Substanzen, die mit chemischen Mitteln nicht in einfachere Teile zerlegt werden können. Daneben erkannte er die Existenz von Atomen an. Sie sind kugelförmig, eckig und von unregelmäßiger Gestalt. Er sieht in der unterschiedlichen Zusammensetzung der Atome zu Körpern die Ursache ihrer verschiedenen Eigenschaften (Durchsichtigkeit, Dichte, Härte usw.). Auch wusste er bereits um die Bedeutung des Gewichts für die Aufklärung chemischer Reaktionen: *Wenn die Gesamtheit der chemischen Veränderungen auf dem Hinzutreten ... von Atomen bzw. der Umlagerung des so gebildeten Atomkomplexes beruht, so folgt daraus mit Notwendigkeit, dass die Natur des einzelnen Vorganges nur mit Hilfe der Waage erkannt werden kann* (/2/). Damit hat Jungius über 100 Jahre vor Lavoisier die Rolle der Waage für die quantitative chemische Analyse erkannt, wobei er offensichtlich die Erhaltung der Masse und die Unzerstörbarkeit der Elemente bereits voraussetzte.

Auch **R. Boyle** (1627-1691; Abb.1) lehnte die Aristotelische Elementenlehre ab und definierte das chemische Element als Endprodukt der Analyse. Er nimmt den Aufbau der Körper aus Korpuskeln unterschiedlicher Größe und Gestalt an, mit Zacken, Haken, Ästchen usw. Die Korpuskeln verhalten sich

Abb. 1: Robert Boyle   Abb. 2: Antoine Laurent Lavoisier

bei chemischen Reaktionen auf Grund mechanischer Ursachen, die auch bestimmend für Stoffeigenschaften wie Flüchtigkeit, Festigkeit, Farbe und Geschmack sind. Damit ist er, selbst experimenteller Chemiker und Physiker (z.B. Eigenschaften der Gase), ein Anhänger der mechanistischen Philosophie.

Als deren bedeutender Vertreter will **Hobbes** (1588-1679) nach einem Besuch bei Galilei die Methode der mathematischen Dynamik auf jede Art von Existenz anwenden: Das einzig Reale sei Materie in Bewegung. Empfindungen, Denken und Bewußtsein seien nur Gaukelbilder, die durch die Tätigkeit der Atome im Gehirn verursacht werden. Damit widersprach er René **Descartes** (1596-1650), der zwischen der Welt der Materie und der Welt des Geistes unterscheidet (Dualismus). Dieser entwickelte zur Erklärung der Fall- und Planetenbewegung ein Modell von Wirbeln, die den ganzen Raum erfüllen. Die Körper in ihm würden wie Holzstücke in Wasserwirbeln unter Rotation mitgerissen. Wenn dies auch bald widerlegt wurde (**Hobbes, Newton**), so findet man doch die kraftbetonende Auffassung der Materie später als **Dynamismus** wieder. (Auch **Kant** stellte sich Materie beweglich in einem Äther vor, und diesen als Ursache der Bewegung). Nachdem auch die massebetonenden Ansatzpunkte der Chemiker gegen Ende des 17. Jahrhunderts in den Hintergrund getreten waren, wurde die Atomistik erst 100 Jahre später wieder aufgegriffen.

Abb. 3: Henry Cavendish   Abb. 4: Jeremias Benjamin Richter

1.2 Quantitative chemische Analyse um 1800

1.2.1 Die Erhaltung der Masse

Bereits im 18. Jahrhundert hatte man gelernt, Stoffe rein darzustellen und ihren Aufbau aus Grundstoffen, den chemischen Elementen zu begreifen. Bei der Beobachtung chemischer Reaktionen beschränkte man sich zunächst auf Änderungen der Eigenschaften (z.B.Farbe) und im Verhalten der Stoffe (z.B. Löslichkeit). Bereits bei dieser qualitativen Analyse zeigte sich, dass in den Endprodukten der Reaktionen stets die Ausgangsstoffe enthalten sind (Erhaltung der Elemente).
Insbesondere durch Einführung der Waage 1775 durch **Lavoisier** (1743-1794; Abb.2) als Messinstrument für die Massen der reagierenden Stoffe und ihrer Endprodukte gewann die quantitative Analyse an Bedeutung. Dabei ergab sich, dass das Gewicht (damals synonym zur ′Masse′) der reagierenden Substanzen vor und nach der Reaktion gleichgroß ist: Die Masse bleibt bei chemischen Reaktionen erhalten. Dies galt bei den weiterführenden quantitativen Untersuchungen als unwidersprochener Grundsatz.

1.2.2 Das Gesetz der konstanten Proportionen

Im Jahre 1767 veröffentlichte **Cavendish** (1731-1810; Abb.3) die Beobachtung, daß eine gewisse Quantität einer Base stets durch dieselbe Menge einer Säure neutralisiert werde, wobei.er bereits den Begriff ′Äquivalenz′ prägte. **Wenzel** will in seiner Schrift „Lehre von der chemischen Verwandtschaft der Körper" (1777) *nebst den Bedingungen, unter denen sich die Körper verbinden, auch das wahre Verhältnis ihres Gewichtes gegeneinander* angeben. Das gelingt ihm mit den Verbindungsgewichten aller Schwermetalle in ihren Sulfaten und der Angabe von Zahlenwerten über *das wahre Verhältnis des Gewichtes von Metall und Säurerest in den Neutralsalzen.*

Als der eigentliche Begründer der Lehre von den Verbindungs- oder Äquivalentgewichten gilt **J. B. Richter** (1762-1807; Abb.4). Der Name ′Neutralsalze′ rührt daher, dass im Gegensatz zu ihren Bestandteilen Säure und Base die daraus entstehenden Salze keine von deren ′polaren′ Eigenschaften besitzen; das heißt, dass Säure und Base sich vollständig ′absättigen′. *Die unmittelbare Folgerung, die ich daraus zog, konnte keine andere seyn, als daß es bestimmte Größenverhältnisse zwischen den Bestandteilen der neutralen Salze geben müsse,* schreibt Richter. Leider fanden seine Arbeiten zur „Meßkunst chemischer Elemente", der Stöchiometrie, bei seinen Fachkollegen keine Beachtung. So konnte 1799 **Proust** das Gesetz der konstanten Proportionen erneut formulieren: *Das Massenverhältnis, in dem sich zwei Elemente zu einer chemischen Verbindung vereinigen, ist stets gleichgroß.*

1.3 Kontinuumstheorie und Atomhypothese

Andere Chemiker kamen - sei es durch ungenaue Analysen oder nicht genügend reine Ausgangssubstanzen - nicht zu eindeutigen Ergebnissen. Zu ihnen gehört **Berthollet** (1748-1822), der von 1801 bis 1807 in erbittertem Streit mit Proust über das Gesetz der konstanten Proportionen lag. Berthollet vertrat eine Kontinuumstheorie, wobei er sich im Gegensatz zu Proust auch auf Messungen anderer Chemiker stützte. In einem solchen Modell ist die Existenz von Atomen, als deren Indiz Proust sein Gesetz ansah, ohne Bedeutung. Die Unterschiede sind in der untenstehenden Synopse gegenübergestellt (nach /5/).

	Kontinuumstheorie	**Korpuskular-(Atom-)hypothese**
Hauptvertreter	*Berthollet*	*Proust*
Chemische Affinität...	...ist das unterschiedliche Bestreben verschiedener Elemente, miteinander chemische Verbindungen einzugehen.	
Erklärung der Affinität	Sie wird hervorgerufen durch Gravitation zwischen den Partikeln. Sie ist verschieden stark, je nach Quantiät (Masse) und ´chemischer Natur´ der Stoffe	Sie ist eine besondere Kraft, die jedem Atom eines Elements in gleicher Weise und Stärke zukommt.
Verbindungsgewichte...	...sind undefiniert; sie können von Versuch zu Versuch wechseln	...sind bei derselben Verbindung stets gleichgroß `
Damalige Einschätzung des Modells (*Klaproth*)	Es sei eleganter, da als Voraussetzung nur Materiekräfte angenommen werden	Bei ihm ist die zusätzliche Definition des leeren Raumes notwendig
Von der Struktur her ...	... ist sie mehr deduktiv; pragmatischer	... ist sie mehr induktiv
Primär ist ...	... das Wechselspiel von anziehenden und abstoßenden Kräften (Dynamismus, auch von **Kant** vertreten)	... die Materie (das Atom). Sie wird nicht von immateriellen ´Kräften´ hergeleitet

1.4 Anfänge der Elektrochemie (Elektrolyse I)

Die geschichtliche Entwicklung der Elektrolyse vollzog sich in drei zeitlich voneinander getrennnten Abschnitten. Seit der Entdeckung der Elektrizität im letzten Jahrzehnt des 18. Jahrhunderts (Galvani, Volta) sahen die Chemiker zunehmend einen Zusammenhang zwischen dem Verhalten von Metallen in Spannungsquellen (S.13) und bei chemischen Reaktionen. Nach dieser qualitativ analytischen Periode (Davy, Berzelius) entdeckte in den dreißiger Jahren Faraday den quantitativen Zusammenhang zwischen der bei der Elektrolyse abgeschiedenen Stoffportion und der dabei geflossenen elektrischen Ladung (S.23). Die endgültige Aufklärung der Vorgänge im Elektrolyt erfolgte nach langwierigen Untersuchungen erst 1887 durch die Ionentheorie von Arrhenius (S.29). Ungeachtet der zusätzlichen Kenntnisse aus diesem zweiten und dritten Abschnitt - die der früheren waren zweitweise in Vergessenheit geraten - zeichnete sich die Vorstellung von Atomen bereits im ersten Abschnitt der Elektrochemie ab: *Es war dies zum ersten Mal, daß Einzelheiten von den Atomen aus wohlgegründeter Erfahrung erschließbar erschienen, und diese Einzelheiten waren elektrischer Art* (/1/).

Bis 1800 beschränkte sich die Elektrizitätslehre auf Untersuchungen statischer Elektrizität auf isolierten Körpern. Zwar ließen sich große Ladungsmengen in Kondensatoren speichern (Kleistsche Flasche) und mittels Reibung sichtbare Funken erzeugen (Elektrisiermaschinen). Jedoch waren die in Leitern fließenden elektrischen Ladungen so gering, dass es schwer war, einen elektrischen Strom nachzuweisen. Erst ab 1800 kann man von strömender Elektrizität sprechen.

Abb. 5: Alessandro Volta

Abb. 6: Josef Priestley

Nachdem **A.Volta** (1745-1827; Abb.5) nachgewiesen hatte, dass Galvanis Froschschenkelversuch (1786) nicht auf tierischen Eigenschaften beruht, erfand er im Jahr 1800 die nach ihm benannte Voltasche Säule (Abb.7). Sie war aufgebaut aus kleinen Platten aus Zink (Z), mit einer schwachen Salzlösung angefeuchtetem Papier und Silber (A), die in dieser Reihenfolge mehrfach aufeinanderfolgen. Später tauchte Volta eine Zink- und eine Kupferplatte in verdünnte Schwefelsäure (Elektrolyt*) in einem Glasgefäß. Durch Hintereinanderschalten solcher elektrochemischer Elemente (Zellen) entstand eine Batterie. Verband man die erste und letzte Platte der Batterie mit zwei aus gleichem Material bestehenden Metallplatten (Elektroden*), die in eine verdünnte Säure eingetaucht waren, so beobachtete man an ihnen das Abscheiden fester oder gasförmiger Stoffe (Elektrolyse).
*) Diese Bezeichnungen wurden erst von Faraday eingeführt.

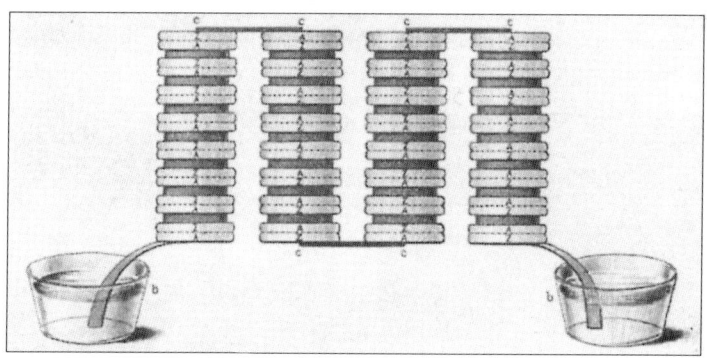

Abb. 7: Voltasche Säule

Ritter fing an den beiden Metallplatten Wasserstoff und Sauerstoff getrennt auf und ließ das Gemisch ('Knallgas') durch einen Funken verpuffen. Erst mit Hilfe der Voltaschen Säule wurden solche Versuche in den damaligen Laboratorien im großen Stil möglich. Dabei konnte **Davy** bisher nicht zerlegbare - und deshalb für Elemente gehaltene - Stoffe zerlegen, wobei er auch neue Elemente entdeckte: K, Na; Ba, Sr, Ca, Mg (1807-1808). Dadurch erhärtete sich die Vermutung, dass ein Zusammenhang zwischen den galvanischen Effekten und den chemischen Reaktionen bestehe, die auch an den Metallen der Batterie selbst auftraten.
Eine solche Identität von 'Galvanismus' und Elektrizität wurde auch von Volta behauptet. 1793 hatte er seine elektrische Spannungsreihe der Metalle aufgestellt. Sie ordnet die Metalle hintereinander so an, dass jedes vorhergehende Metall sich bei enger Berührung mit einem der nachfolgenden positiv auflädt:

(+) Na, Zn, Pb, Sn ,Fe,Cu,Ag, Au (−) .

J.W.Ritter (1776-1810) aus Jena entdeckte 1798, *daß die Voltasche Spannungsreihe der Metalle mit der Reihe ihrer Verwandtschaft zum Sauerstoff, oder, genauer gesprochen, mit der Reihe übereinstimme, in welcher die Metalle einander aus ihren Salzen fällen* (/2/). Gemäß einer solchen Fällungsreihe (G.E.Stahl um 1700) fällt Zn z.B. Cu aus einer $CuSO_4$-Lösung. So wurde Ritter, ein Mitglied des naturphilosophischen Kreises um Goethe (Schelling, Novalis), zum Begründer der wissenschaftlichen Elektrochemie.

Bereits **Davy** (1778-1829; Abb.8) und nach der Etablierung der Atomhypothese auch Berzelius (Abb.9) haben aus der chemischen Wirkung des elektrischen Stromes geschlossen: Entweder müssten die Atome von vornherein elektrische Ladungen enthalten, oder bei Berührung müssten solche übergehen, z.B. zwischen den Platten der Voltaschen Säule und im Molekül. *Ihre Feststellung, daß ... die chemischen Kräfte elektrische Kräfte seien,* (war) *durch all diese Jahre* (für Faraday, Hittorf, Arrhenius) *ein guter Wegweiser für die Forschung geblieben* (/1/).

Abb. 8: Sir Humphry Davy   Abb. 9: Jöns Jakob von Berzelius

Der kurze Überblick über die Entwicklung der Materietheorien bis ca. 1800 zeigt, dass zwar im 17. und 18. Jahrhundert sehr wichtige Voraussetzungen für eine konsistente chemische Theorie geschaffen worden waren, dass aber um die Jahrhundertwende noch nicht absehbar war, in welcher Richtung die Entwicklung verlaufen würde. Es war notwendig, eine qualitativ neuartige und verbesserte Atomtheorie zu entwickeln, wenn man den Argumenten der 'Dynamisten' wirksam begegnen wollte. Das Verdienst, dies getan zu haben, gebührt John Dalton (/5/).

2. Daltons Atomvorstellung

2.1 Gesetz der multiplen Proportionen

John Dalton (1786-1844; Abb.10) führte etwa ab 1802 seine Atomvorstellung ein, um mit Hilfe eines anschaulichen Modells die inzwischen bestätigten quantitativen Gesetzmäßigkeiten bei chemischen Reaktionen zu erklären. Dazu gehörte neben dem Gesetz der Erhaltung der Masse und dem Gesetz der konstanten Proportionen noch ein drittes Gesetz. Wenn es auch bereits früher von Ritter ausgesprochen wurde, so ist seine Aufstellung doch in der Literatur mit dem Namen Daltons verbunden. Auch er hatte bei Elementen, die mit einem anderen Element mehr als nur eine Verbindung eingehen, einfache Massenverhältnisse des zweiten Stoffes festgestellt. So verbinden sich Wasserstoff und Sauerstoff zu Wasser im Massenverhältnis 1:8, zu Wasserstoffsuperoxyd aber im Massenverhältnis 1:16. Bei fünf Stickstoff-Sauerstoff-Verbindungen verhalten sich bei derselben Stickstoffmasse die Sauerstoffmassen wie 1:2:3:4:5; sie stehen also im Verhältnis (kleiner) ganzer Zahlen zueinander. Dieser einfache zahlenmäßige Zusammenhang, der ebenso bei Kombinationen anderer Elemente auftritt, bildet den Inhalt des Gesetzes der multiplen Proportionen.- So beruhen Daltons theoretische Überlegungen zum Aufbau der Stoffe aus kleinen, gleichartigen Teilchen insbesondere auf drei stöchiometrischen Gesetzmäßigkeiten, zu deren Nachweis Dalton selbst durch vielfältige experimentelle Untersuchungen beigetragen hat.

Dabei war die Atomvorstellung unter den Chemikern nicht völlig neu. Bereits die Chemie des 17. Jahrhunderts bediente sich atomistischer Vorstellungen (S. 7 u. 8). Auch war **Higgins** 1789 in seinem Werk „A Comparative View of the Two Theories of Chemistry" der Daltonschen Vorstellung bereits sehr nahe gekommen. Doch erst Dalton hat dem Atombegriff eine neue Deutung und weitergehende Präzision verliehen.
Angeregt wurde er dazu durch seine eingehenden und sorgfältigen meteorologischen Beobachtungen, die er bereits vor seiner Beschäftigung mit der Chemie (mit Beginn seiner Lehrtätigkeit 1796) angestellt hatte. Sie führten ihn zur Untersuchung von Gasen und Gasgemischen, wie vor ihm auch schon durch **Priestley** (1733-1804; Abb.6). Auch kannte er **Newtons** Vorstellung von Partikeln im leeren Raum und versuchte mit ihr z.B. die Frage zu klären, warum sich Gase von unterschiedlicher Dichte nicht von selbst entmischen (/5/).- Daltons Vorlesungen wurden 1805 veröffentlicht. Eine zusammenfassende Darstellung seiner Atomhypothese erschien 1808 in seinem berühmten Werk „A New System of Chemical Philosophie".

2.2 Daltons Atomhypothese

Bei seinen theoretischen Überlegungen zum Aufbau eines Stoffes aus kleinsten, gleichartigen Teilchen konnte Dalton - anders als seine Vorläufer - auf die oben aufgeführten Erkenntnisse der Chemiker zurückgreifen. Dies gilt insbesondere für die Gesetze der konstanten und der multiplen Proportionen, die zum gesicherten Bestand der Stöchiometrie zählten. Gerade diese beiden Gesetze konnte Dalton durch seine Atomhypothese erklären, deren Prämissen sich wie folgt zusammenfassen lassen:

1. Atome sind unveränderlich.
2. Sie sind an Masse und Gestalt verschieden für unterschiedliche Elemente, ...
3. ... dagegen untereinander gleich für dasselbe Element.
4. Atome treten unverändert zu einer chemischen Verbindung zusammen; dann muss aber ...
5. ... jede Verbindung nach bestimmten ganzen Zahlen der sie zusammensetzenden Atome gebildet sein. Dann sind auch ...
6. ... die zusammengesetzten Atome (= Moleküle) einunddersselben Verbindung untereinander gleich.
7. Die Masse dieser Verbindung ist gleich der Summe der Masssen der in die Verbindung eintretenden Atome/Moleküle.

Mit diesen Vorstellungen schuf Dalton ein allgemeingültiges Schema für die Bildung chemischer Verbindungen. Darüber hinaus gab das Schließen von der Masse einer Verbindung auf die Massen der sie bildenden Atome Anlass zur Bestimmung von Atomgewichten der Elemente, heute als relative Atommassen bezeichnet. So schloss Dalton aus der damaligen Kenntnis der Zusammensetzung des Wassers aus Wasserstoff und Sauerstoff im Massenverhältnis 1:8 auf ein ebensolches Verhältnis der Massen eines Wasserstoff- und eines Sauerstoffatoms. Dabei ging er vom einfachsten Fall für die Zusammensetzung des Wassermoleküls aus einem Wasserstoff- und einem Sauerstoffatom aus. Dies entsprach der Regel der größtmöglichen Einfachheit, die Dalton zum Prinzip seines Systems erhob. Diese a-priori-Festsetzung war nötig, um ohne Wissen der Formel für die Verbindung die relative Atommasse ihrer Bestandteile zu bestimmen. So konnte die erste, von Dalton 1805 erstellte Tabelle solcher 'Atomgewichte', bezogen auf 1 für das H-Atom, zwar noch keine richtigen Werte enthalten. Aber er war überzeugt, dass mit der Bestimmung der 'Atomgewichte' auch die Existenz der Atome selbst untermauert werde. So trugen die noch folgenden Hypothesen, insbesondere vom Aufbau der Gase, bei gleichzeitiger Berechnung der relativen Atommassen, zur Festigung der Daltonschen Atomvorstellung bei.

Abb. 10: John Dalton

Abb. 11: Joseph Louis Gay-Lussac

Abb. 12: Amadeo Avogadro

Abb. 13: Michael Faraday

2.3 Gasgesetze und ihre Deutung

Dalton und **Gay-Lussac** (1778-1850; Abb.11) hatten bereits 1801/02 nachgewiesen, dass sich das Volumen einer Gasportion bei Änderung der Temperatur bei allen Gasen um gleichviel ändert (Gesetz von Gay-Lussac). Letzterer stellte zusammen mit **A. v. Humboldt** 1805 fest, dass Wasserstoff und Sauerstoff im Volumenverhältnis 2:1 zu Wasser reagieren. Als Resultat der Untersuchungen weiterer Gasreaktionen gab Gay-Lussac 1808 bekannt, dass Gase miteinander im Verhältnis ganzer Zahlen reagieren (Vol = Volumteil):

2 Vol(Wasserstoff) + 1 Vol(Sauerstoff) $\Rightarrow$ 2 Vol(Wasserdampf)
1 Vol(Stickstoff) + 1 Vol(Sauerstoff) $\Rightarrow$ 2 Vol(Stickoxid)
1 Vol(Wasserstoff) + 1 Vol(Chlor) $\Rightarrow$ 2 Vol(Chlorwasserstoff)

Für das Auftreten dieser konstanten Volumverhältnisse suchte man wiederum nach einer möglichst einfachen Erklärung. Diese sah **Avogadro** (1776-1856; Abb.12) in seiner Hypothese, dass in Portionen verschiedener Gase, die dasselbe Volumen haben, stets dieselbe Anzahl von Atomen enthalten sei, und zwar bei gleicher Temperatur und gleichem Druck (Avogadrosche Regel). Dies war die Grundannahme für seinen *Versuch eines Verfahrens, die relativen Gewichte der Elementarmoleküle der Körper und die Verhältnisse zu bestimmen, nach welchen dieselben in Verbindung eintreten* (1811). Denn seine Hypothese legt die Annahme nahe, dass die relativen Atommassen sich wie die Stoffmassen bzw. Dichten zueinander verhalten.
Aus dieser Schlußfolgerung ergibt sich aber ein Widerspruch zu Daltons Atomvorstellung. Denn nach dieser sollte gelten, dass sich z.B. ein Atom Stickstoff mit einem Atom Sauerstoff zu einem Atom Stickoxyd vereinigt, und nicht zu zwei, wie sich aus der obigen volumetrischen Messung ergibt. Avogadro selbst konnte den Widerspruch auf genial einfache Weise auflösen, in Übereinstimmung mit seiner Regel:
Die kleinsten Teilchen eines Gases sind über das gesamte Volumen gleichmäßig verteilt, auch die gasförmigen Produkte der obigen Reaktionen. Dann müssen aber bei einer solchen Reaktion die kleinsten - chemisch zwar nicht mehr teilbaren - Teilchen (= die Atome Daltons!) der Ausgangselemente in zwei Bestandteile gespalten werden; also die von Sauerstoff bei der Bildung von Wasser oder die von Chlor sowie Wasserstoff bei der Bildung von Chlorwasserstoff. Avogadro unterschied deshalb konsequent zwischen *integrierenden Molekülen* und *Elementarmolekülen*, also Molekülen und Atomen im heutigen Sinne.- Erst ab 1858/60 setzte sich die Atomgewichtsbestimmung mit Hilfe der Avogadroschen Regel durch.

Ab 1811 gab es also für die Chemiker bezüglich der Atomhypothese folgende Alternativen. Entweder hielt man an der Unteilbarkeit von Daltons Atomen fest, oder man folgte Avogadro darin, dass die bisherigen Atome sich beim Eingehen von Verbindungen teilen können. **Berzelius** (1779-1848; Abb.9), obwohl selbst Verteidiger von Proust bei dessen Streit gegen Berthollet, suchte zwischen der Korpuskulartheorie Daltons und der Volumtheorie Gay-Lussacs zu vermitteln. (Avogadros Arbeit hatte er nicht zur Kenntnis genommen). Deshalb machte er bei letzterer die Einschränkung, dass bei der Reaktion zweier Gasatomarten A und B die Verbindung nur die Form AB_n oder A_nB haben darf (weshalb er bei Ethylen irrtümlich für die Formel CH_2 statt für C_2H_4 plädierte). Dalton konnte er jedoch von der Volumtheorie nicht überzeugen.

Zur Aufklärung der Bindung in chemischen Verbindungen entwickelte Berzelius ein *elektrochemisch-dualistisches* Konzept vom Aufbau der Materie. Danach befindet sich in jedem Atom elektrische Ladung beider Vorzeichen, ähnlich wie beim Dipol. Im Gegensatz zu diesem soll jedoch eine Ladungsart (*ein Pol*) vorherrschen. Da er dies auch für Moleküle postulierte, stand diese Hypothese im Widerspruch zur Konsequenz von zweiatomigen Gasen aus der Volumtheorie, weshalb Berzelius dieser kritisch gegenüberstand.

Leider wurde durch seine komplexe elektrochemische Theorie (in der organischen Chemie versagte sie vollends) der Wirrwarr in der chemischen Begriffsbildung weiter aufrecht erhalten. Jedoch hat Berzelius` Einbürgerung der Atom- und Äquivalentgewichte große Bedeutung erlangt. Seine klassischen Untersuchungen über die *chemischen Proportionen* (1811-1820) ergaben erstmals genaueste 'Atomgewichte' aller Elemente. Dabei bezog er die Atomgewichte auf dasjenige des Sauerstoffs als Einheit.
Diese Ergebnisse flossen auch in seine Einführung einer übernationalen chemischen Zeichensprache ein. Zunächst wählte er *den Anfangsbuchstaben im lateinischen Namen eines jeden Grundstoffs*. Dieser steht aber nicht nur als Symbol für das chemische Element, sondern bedeutet auch ein Atom mit dem zugehörigen Atomgewicht. Durch Aneinanderreihung der Buchstaben, versehen mit der Anzahl der Atome als Index, entsteht dann die Formel für das Molekül der Verbindung, z.B. H_2O für Wasser.

So vollendete Berzelius die Atomvorstellungen der Chemiker und Physiker, die diese zwischen 1780 und 1820 entwickelt hatten: Die Partikel der chemischen Verbindungen sind Aggregate einer bestimmten Anzahl von Partikeln der chemischen Elemente. *Damit war das Problem der Stoffe zurückgeführt auf das Problem des Atoms* (F.Hund).

	Chemie	Gase	Elektrolyse
1615-1625	Sennert		
1625-1635	Gassendi		
1635-1645	Jungius		
1645-1655		Torricelli	
1655-1665	Robert Boyle		
1760-1770	Cavendish		
1770-1780	Wenzel		
1780-1790	Richter	Pristley	
1790-1800	Proust		Galvani
1800-1810		John Dalton	Volta / Ritter
1810-1820	Jakob Berzelius	Avogadro / Gay-Lussac	Davy

3. Atomchemie und -physik von 1820 bis 1860

3.1 Messmethoden des 'Atomgewichts'

Auf die Zeit der mehr qualitativen Gesetzmäßigkeiten und der daraus entstandenen spekulativen Hypothesen folgte eine Periode, in der die Messung auch anderer Größen als der Masse zur Festigung der Atomtheorie beitrug. 1827 veröffentlichte **J. B. Dumas** (1800-1884) seine Methode zur Bestimmung von Molekular- und Atomgewichten fester oder flüssiger Körper mit Hilfe der Dampfdichtebestimmung. *Damit könnten Gay-Lussacs Untersuchungen auf alle unzersetzt verdampfbaren Körper ausgedehnt werden. Zusammen mit den Folgerungen aus den Arbeiten Mitcherlichs wäre die Ermittlung des Molekular- und Atomgewichts sowie der Bruttoformel fast aller bekannter Elemente und Verbindungen möglich. Die im Prinzip auf der Zustandsgleichung der Gase beruhende Bestimmungsmethode wurde 1878 von Viktor Meyer verbessert und wird bis heute in dieser Weise angewandt (/5/).* Auf diese Überlegungen wies Dumas in seiner Arbeit „Abhandlung über einige Punkte der atomistischen Theorie" hin, wobei er sich auf Avogadro und Ampère berief. Mit seiner Erkenntnis, dass ein Wasserstoffatom ein halbes Sauerstoffatom ersetzen kann, bereitete er die Valenzlehre vor, deren Kern bereits in Daltons Gesetz der multiplen Proportionen steckt.

Im Jahre 1819 veröffentlichten die französischen Forscher P. L. **Dulong** (1785-1838) und A. T. Petit (1791-1820) das Ergebnis ihrer Experimente. Sie hatten die spezifische Wärmekapazität ($c = \Delta Q/(m \cdot \Delta T)$) von einwertigen Stoffen bestimmt und waren auf einen quantitativen Zusammenhang mit der relativen Atommasse A_r gestoßen. Und zwar erwies sich das Produkt aus den Messwerten beider Größen für die untersuchten Metalle als etwa gleichgroß: $cA_r \approx 6{,}2$ cal/(grad·mol) = 25 J/(K·mol).
Diese stoffmengenbezogene Wärmekapazität (<u>Atomwärme</u>; heute: Molwärme) stellt für Metalle mit $A_r > 35$ einen groben Mittelwert dar und lieferte deshalb nur angenäherte Werte der relativen Atommasse. Trotzdem diente die <u>Dulong-Petitsche Regel</u> zur genauen Bestimmung der relativen Atommassen. Zwar konnte man das Äquivalentgewicht der Elemente mit nur geringer Unsicherheit messen. Ob aber deren Wert mit der relativen Atommasse übereinstimmt, oder ob er je nach der Wertigkeit ein Teil davon ist, konnte durch Vergleich mit der relativen Atommasse aus der Dulong-Petitschen Regel trotz der damaligen Unsicherheit der Atomwärme entschieden werden. Die Atomwärme wurde von Warburg und Kundt 1874 für einatomige Gase genau gemessen.

3.2 Faradaysche Gesetze. (Elektrolyse II)

Die Zerlegung chemischer Verbindungen mit Hilfe der Elektrizität wies auf einen Zusammenhang von chemischen und elektrischen 'Kräften' hin. **Davy** stellte die Hypothese auf, dass *die chemische und elektrische Anziehung dieselbe Ursache haben, indem sie im einen Fall auf Teilchen und im anderen auf Massen wirken.*

Diese Ansicht hatte auch **Berzelius** mit seiner elektrochemisch-dualistischen Theorie (1811) vertreten: *... die Elektrizitäten gehorchen bei ihrer Vereinigung ähnlichen Gesetzen der Proportionen;* d.h. dass die Elektrizität ähnlich der wägbaren Materie eine atomare Struktur hat und mit bestimmten Mengen sich an die Stoffe bindet. Die Spannungsreihe erklärte er dadurch, dass die (Elementar-)Atome beide Elektrizitätsarten, aber in verschiedener Menge enthielten (/2/). Darin steckt zwar bereits die Grundlage für eine Quantifizierung von Elektrizitätsmengen, nämlich im selben Verhältnis wie die Äquivalentgewichte; aber bis zur Bestätigung dauerte es noch 30 Jahre.

Auch waren die Vorgänge im Elektrolyt weitgehend ungeklärt geblieben. Zwar war schon früh aufgefallen, dass die Zersetzungsprodukte lediglich an den Elektroden auftraten, wofür die unterschiedlichsten Erklärungen vorgeschlagen wurden. Für die Prozesse im Innern der Flüssigkeit gab es aber nur die Theorie von **Grotthus** (1806), der eine Folge von Vorgängen annahm, wie sie in Abb.14 (a) bis (d) dargestellt ist (/7/).

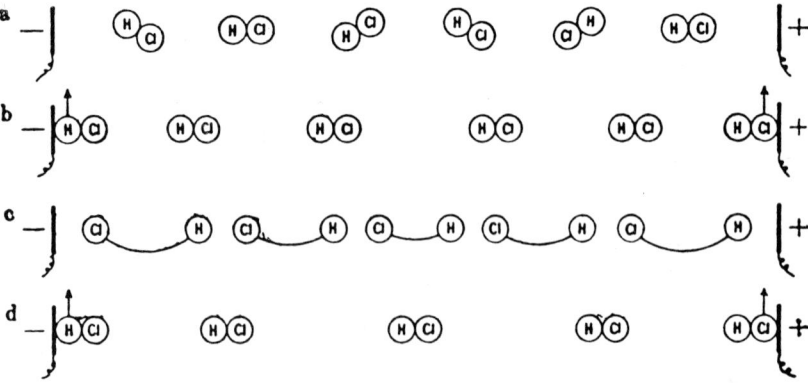

Abb.14: Vorgänge im Elektrolyt bei der Elektrolyse von HCl (nach Grotthus)

Damit zeichnete sich zwar schon ein Zusammenhang zwischen den an der Elektrolyse beteiligten elektrischen Ladungen ab, ähnlich den Gesetzen der konstanten und multiplen Proportionen zwischen Stoffportionen. Aber die Frage, in welchem quantitativen Zusammenhang die durch den Elektrolyt geflossene Elektrizitätsmenge zur Menge des abgeschiedenen Stoffes steht, wurde erst von **Michael Faraday** (1791-1867; Abb.13) in einer Reihe meisterhafter Experimente beantwortet.

So lautet das sogenannte **Erste Faradaysche Gesetz**: Die Masse der an den Elektroden abgeschiedenen Materie ist der Stärke I und der Zeitdauer t des elektrischen Stromes, also der geflossenen Ladung Q direkt proportional: $m \sim It = Q \Leftrightarrow m = ÄQ$. Die Proportionalitätskonstante $Ä$ heißt elektrochemisches Äquivalent der betreffenden Substanz. Faraday, der die durch den Strom abgeschiedene Substanzportion als Maß für die 'elektrische Kraft' des elektrischen Stroms ansah, formulierte das Gesetz 1833 so: *Die chemische Kraft eines elektrischen Stromes ist proportional der absoluten Quantität der durchgegangenen Elektrizität.*
Von der Ladung 1 C bzw. der Stromstärke 1 A in 1 s wird u.a. 1,118 mg Silber aus einer Silbersalzlösung abgeschieden. Umgekehrt ist mit einer solchen internationalen Vereinbarung die Einheit der Stromstärke bzw. der Ladung auch elektrolytisch definierbar. Die Messinstrumente heißen Silberoder Knallgas-Coulombmeter (Hofmannscher 'Wasserzersetzungsapparat').

Schaltet man mehrere Elektrolyte hintereinander, so lautet das **zweite Faradaysche Gesetz** in damaliger Sprechweise: Die aus verschiedenen Elektrolyten durch gleichgroße Ladungen abgeschiedenen Stoffportionen sind chemisch äquivalent (Äquivalentgesetz); d.h. sie verhalten sich wie die Verbindungs- oder Äquivalentgewichte. Speziell von der Ladung 1 C = 1 As werden als chemisch äquivalent abgeschieden: z.B. 1 g H_2, 23 g Na, 35,5 g Cl_2; dabei gilt: 1g H_2 + 35,5 g Cl_2 = 36,5 g HCl und 23 g Na + 35,5 g Cl_2 = 58,5 g NaCl. Weitere chemische Äquivalentmassen sind 108 g Ag, 63,5 g Cu`; 31,75 g Cu``; 8 g $O_2$; 28 g Fe``; 18 g Fe```, 9 g Al.- Dieses Gesetz dient als Methode zur Bestimmung bzw. Kontrolle der Äquivalentgewichte.

Daraus folgerte Faraday, dass mit bestimmten Stoffportionen zugleich Mengen positiver und negativer Elektrizität verbunden sind und beim Stromdurchgang wandern (griech.: ion = das Wandernde). Damit wurde die Voraussage Ritters auf die Frage „Welches ist das Verhältnis des Galvanismus zur Elektrizität, und beider zur Chemie" wahr: *... und da im totalen dynamischen Prozeß, dem sogenannten chemischen, auch der partielle, der electrische enthalten ist, wie im Ganzen der Teil, darf nicht die Ankündigung be fremden, daß das System der Electrizität, nicht wie es jetzt ist, wie es einst seyn wird, zugleich das System der Chemie und Umgekehrt, werden wird.*

3.3 Atomismus der Elektrizität. Positivismus

Faraday benutzte die Bezeichnungen 'Anion' und 'Kation' für die Anteile des Elektrolyten, die an der Anode bzw. Kathode abgeschieden werden. Dass sie dabei auch entladen werden, brachte ihn nicht auf den Gedanken, dass die Elektroden diese Teile des Elektrolyten anziehen. Seine Ionen waren noch keine Träger gequantelter Ladung. Erst durch die Dissoziationstheorie baute Arrhenius die Erkenntnisse über die Elektrolyse zur vollständigen 'Ionentheorie' (1887) aus.
Zwar bilden die Fardayschen Gesetze ein Analogon zu den beiden Gesetzen Daltons; einmal für die elektrisch abgeschiedenen, zum anderen für die bei Verbindungen sich absättigenden Substanzportionen. Es dauerte aber noch Jahre, bis man überlegte, ob die Elektrizität ebenfalls atomar aufgebaut sein könnte. Erst **Herrmann von Helmholtz** griff 1881 in seiner 'Faraday-Vorlesung' diese Vorstellung auf: *Wenn wir Atome der chemischen Elemente annehmen, so können wir nicht umhin, weiter zu schließen, daß auch die Elektrizität, positive sowohl wie negative, in bestimmte Quanta geteilt ist, die sich wie die Atome der Elektrizität verhalten.* Ohne eine Bindung an materielle Träger trat gequantelte elektrische Ladung ('Elektrizitätsatome'; R.W.Pohl) erstmals in Form von Kathodenstrahlen auf.

Obwohl die experimentellen Hinweise auf eine atomistische Auffassung der Materie immer stärker hervorgetreten waren, blieben viele Forscher ihr gegenüber ablehnend. Abgesehen von einigen abweichenden Ergebnissen bei der Atomgewichtsbestimmung, sahen sie auch Widersprüche innerhalb der Theorie (vgl. die Kritik Daltons an Avogadro). So übte Davy, der zeitlebens Anhänger der Korpuskulartheorie war, dennoch Kritik an der Atomtheorie. Da Faraday das Atommodell nicht mit seinen Untersuchungen über die elektrische Induktion vereinbaren konnte, äußerte er Einwände sogar gegen Korpuskeln überhaupt /5/. Dumas wie auch Liebig übten Kritik, und der englische Physiker Wollaston stellte den Atombegriff überhaupt in Frage; er sei im Bereich der Chemie überflüssig. Sie sprachen sich damit für eine mehr philosophisch fiktive Existenz von Atomen aus.

Eine solche Skepsis gegenüber allem materiell nicht Fassbaren gehört auch zur erkenntnistheoretischen Lehrmeinung des Positivismus. Seine prominentesten Vertreter **Ernst Mach** und **Wilhelm Ostwald** stürzten durch ihre Ablehnung die Atomistik bis zur Jahrhundertwende in eine tiefe Krise. Erst Entdeckungen im letzten Jahrzehnt des 19. Jahrhunderts (Radioaktivität, Kathoden- und Kanalstrahlen) und des ersten Jahrzehnts des 20. Jahrhunderts (Perrin, Einsteins Erklärung der Brownschen Bewegung) machten dem unfruchtbaren Streit ein Ende, indem sie für die Atomistik entschieden.

4. Kinetische Gastheorie

4.1 Geschwindigkeit. Freie Weglänge

Die von **Clausius** (1822-1888) und **Krönig** (1822-1879) entwickelte kinetische Gastheorie ging zur damaligen Zeit noch von einem einfachen Modell aus: Die starren Atome bzw. Moleküle sollten nur mittels elastischer Stöße bei der Berührung aufeinander einwirken. Damit reichte die unaufhörliche Bewegung der Teilchen aus, um das Verhalten einer Gasportion bei Zustandsänderungen zu deuten und man benötigte keine Kräfte mehr zwischen den Teilchen. Mit diesem vereinfachten Gasmodell ließen sich die Zusammenhänge zwischen Volumen, Druck und Temperatur (Gasgesetze) rein kinematisch erklären.

Bevor das Modell insbesondere durch **James Clerk Maxwell** (1831-1879) verfeinert wurde (Rotation/Schwingung des Moleküls; Geschwindigkeitsverteilung), ging man von einer einheitlichen Geschwindigkeit der Gasmoleküle aus, und damit auch von ihrer gleichgroßen kinetischen Energie bei einer homogenen Gasportion. Daraus folgt für den Gasdruck p einer abgeschlossenen Gasportion vom Volumen V und der Masse m, sowie der Energie E_{kin}, Anzahl N und mittleren Geschwindigkeit v der Moleküle:

$$p = \frac{2}{3} \frac{E_{kin}}{V} = \frac{1}{3} \frac{Nm}{V} v^2 = \frac{1}{3} nmv^2 = \frac{1}{3} \rho v^2 \text{ (Bernoulli 1738),}$$

wobei $n = N/V$: Anzahldichte der Gasmoleküle, $\rho = nm$: Dichte des Gases.
Darin steckt bei gleichbleibender Gesamtenergie, was gleichbleibende Temperatur bedeutet, sowohl das Boyle-Mariottesche Gesetz: pV = konst als auch bei gleichbleibendem Druck das Avogadrosche Gesetz: n = konst.
Da Druck und Dichte messbar sind, kann man daraus die (mittlere) Geschwindigkeit der Gasmoleküle bestimmen, z.B. 490 m/s für Luft und 1840m/s für Wasserstoffmoleküle bei Normaldruck und 0°C. (Die direkte Messung an Gasatomen in einem Atomstrahl gelang 1920 **Otto Stern**).

Eine weitere Größe der Gasatome ist ihre freie Weglänge. Darunter versteht man die mittlere Länge λ des Weges, den ein Gasatom zwischen zwei aufeinanderfolgenden Zusammenstößen mit Nachbaratomen oder der Gefäßwand zurücklegt. Auf den Wert von λ konnte man zur damaligen Zeit aus Vorgängen wie Diffusion, Wärmeleitung oder innerer Reibung schliessen; z.B. aus dem Term für die Viskosität eines Gases: $\eta = \rho v \lambda/3$, da η und ρ leicht messbar sind. Maxwell war über seine Formel selbst überrascht; denn sie bedeutet, dass die innere Reibung vom Gasdruck unabhängig ist.

Die Lehre, dass die sichtbaren Körper aus einer bestimmten Anzahl von Molecülen besteht, wird die Moleculartheorie der Materie genannt. Die entgegenstehende Theorie ist die, dass, wie klein auch die Theile sein mögen, in welche ein Körper getheilt wird, jeder Theil alle Eigenschaften der Substanz behält. Dies ist die Theorie der unbegrenzten Theilbarkeit der Körper. Wir behaupten nicht, dass es für die Theilbarkeit der Materie eine absolute Grenze giebt; was wir behaupten, ist das, dass, nachdem wir einen Körper in eine gewisse endliche Zahl von denselben zusammensetzenden Theilen, Molecüle genannt, getheilt haben, jede weitere Theilung dieser Molecüle denselben die Eigenschaften nimmt, aus welchen die an der Substanz beobachteten Erscheinungen entstehen.

Die Theorie, dass die beobachteten Eigenschaften der augenscheinlich in Ruhe befindlichen sichtbaren Körper der Wirkung von unsichtbaren, in sehr rascher Bewegung befindlichen Molecülen verdankt werden, hat sich schon bei Lucretius gefunden.

Daniel Bernoulli behauptete zuerst, dass der Druck der Luft von dem Stosse ihrer einzelnen Theile gegen die Wände des dieselbe enthaltenden Gefässes herrührt; Bernoulli bildete indessen die von ihm eingeführte Theorie wenig aus.

Lesage und Prevost aus Genf, später auch Herapath in seinem „Mathematical Physics", machten verschiedene wichtige Anwendungen dieser Theorie.

Dr. Joule erklärte 1848 den Druck der Gase durch den Anprall ihrer Molecüle und berechnete die Geschwindigkeit, welche dieselben zur Erzeugung des beobachteten Druckes haben müssen.

Krönig richtete ebenfalls die Aufmerksamkeit auf diese Erklärung der Erscheinungen bei den Gasen.

Indessen verdanken wir Professor Clausius die neuere Entwickelung der dynamischen Gastheorie. Seitdem Clausius diesen Gegenstand aufgenommen hat, sind grosse Fortschritte durch viele Forscher gemacht worden.

Aus: J.Clerk Maxwell.M.A.: „Theorie der Wärme", Deutsche Ausgabe nach der vierten Auflage, Friedrich Vieweg und Sohn, Braunschweig 1878, (Seite 346/347)

4.2 Größe der Atome/Moleküle

Einen wesentlichen Beitrag zur Festigung des Atomkonzepts leistete 1865 **J.Loschmidt** (1821-1896). Ihm gelang es, mittels der kinetischen Gastheorie die Größe der Moleküle zu bestimmen. Hieraus ließ sich dann die volumenbezogene Anzahl der Gasmoleküle (Anzahldichte n) berechnen. Aus der mittleren Geschwindigkeit und der freien Weglänge folgen die Werte für die zeitdauerbezogene Anzahl der Stöße der Atome untereinander v/λ bzw. die weglängenbezogene Anzahl $1/\lambda$. Die letztere Stoßzahl ist umso größer, je größer die Anzahldichte n der Atome und je größer der Querschnitt πr^2 eines jeden Atoms ist; es gilt $\lambda \sim 1/(nr^2)$. Mittels der aus der inneren Reibung bekannten Werte von λ erhält man das Produkt nr^2. Um die Werte von n und r bestimmen zu können, benötigt man eine weitere Gleichung zwischen diesen beiden Unbekannten. Maxwell und Krönig hatten eine solche Gleichung aufgestellt.

Loschmidt gelang es als erstem, den Atomradius (r) abzuschätzen. Um an das Volumen der Gasatome zu kommen, stellte er sich diese regelmäßig längs der Kanten eines Quaders angeordnet vor. Man kann dann das Volumen des Quaders so in N gleichgroße Würfelchen unterteilen, dass zu jedem Würfel genau ein Atom gehört. Stellt man sich das Gasvolumen durch Druckerhöhung und/oder Temperaturerniedrigung zur Flüssigkeit komprimiert vor, so ist das Volumen des Quaders $V = N(2r)^3 = 8Nr^3$. Auf diesem Wege errechnete Loschmidt als erster den ungefähren Durchmesser eines 'Luftmoleküls' zu $3 \cdot 10^{-10}$m (veröffentlicht in „Zur Größe der Luftmolecüle"). *Damit stützte er die noch stark umstrittene Hypothese von der realen Existenz, d.h. endlichen Größe der Atome und Moleküle* /15/.

Mit diesem Wert für den Durchmesser lässt sich aus jeder Gleichung, die nur r und n als Unbekannte enthält, die Anzahldichte der 'Luftmoleküle' errechnen. Loschmidt und andere Forscher erhielten angenähert den heutigen Wert: $n = 2{,}7 \cdot 10^{19}$/cm^3. Nach Avogadro gilt er für alle idealen Gase bei 0°C und Atmosphärendruck und hieß eine Zeitlang Avogadrokonstante. Lothar Meyer und später G. J. Stoney konnten Loschmidts Wert für n bestätigen. Unabhängig von Loschmidt kam William Thomson (Lord Kelvin) in seiner Arbeit über die „Größe der Atome" (1885) zum gleichen Resultat. *Damit waren die Berechnungen Loschmidts die ersten, welche von den gaskinetischen Vorstellungen ausgehend zur Größe und Anzahl der Atome führten.* (Merkregel: Denkt man sich die Gasatome parallel zu den Würfelkanten in gleichen Abständen aufgereiht (räumliches Gitter), so erhält man in Kantenrichtung eine Längendichte von $3 \cdot 10^6$/cm).

4.3 Anzahl der Moleküle

Unter den Chemikern war der Atomismus ab 1830 aus der Mode gekommen. Man entwickelte die Methode der chemischen Äquivalente, mit der man Regeln aufstellen konnte, ohne sich auf spekulative modellhafte Erklärungen einzulassen (Dumas, S. 21). Zur Verallgemeinerung der Gültigkeit des allgemeinen Gasgesetzes pV/T = konst hatte man statt der von der Gasart abhängigen Konstanten die universelle Gaskonstante R eingeführt: pV_{mol} = RT. V_{mol} bedeutet das Volumen der Portion eines idealen Gases, deren Stoffmenge 1 mol beträgt. Eine Substanzportion mit dieser Stoffmenge hat in heutiger Ausdrucksweise eine Masse von A_r g bzw. M_r g, wenn A_r bzw. M_r die relative Atom-/Molekülmasse ist. Es war aber unbefriedigend, dass der Wert von R nur für ideale Gase und nicht für feste und flüssige Stoffe gilt.

Misst man die Massen von Portionen idealer Gase gleichen Volumens bei derselben Temperatur und unter gleichem Druck, so ist deren Verhältnis gleich dem Verhältnis der relativen Molekülmassen. Diese bezog man auf die Molekülmasse einer Portion gleichen Volumens Wasserstoff, den man als den leichtesten Stoff erkannt hatte.
Da man ein Molekül Wasserstoff (H_2) für aus zwei Atomen Wasserstoff (H) bestehend hielt, setzte man die relative Atommasse von H gleich 1 (später die relative Atommasse von Kohlenstoff C12 gleich 12). Da Sauerstoff etwa 16-mal so schwer ist wie Wasserstoff, ist seine relative Molekülmasse 32, seine relative Atommasse 16. Eine Wasserstoffportion (H_2) von 1 mol hat also die Masse 2 g, eine Sauerstoffportion (O_2) von 1 mol die Masse 32 g. Dividiert man diese Massen durch die jeweilige Gasdichte, so erhält man - für alle idealen Gase - dasselbe Volumen V_{mol} = 22,4 dm^3, das Molvolumen.

Deshalb befinden sich in einer Portion eines idealen Gases von 1 mol 22400-mal so viele Atome wie in einer Portion von 1 cm^3 Volumen; diese Anzahl hatte Loschmidt zu $2,7 \cdot 10^{19}$ berechnet. Damit folgt für die stoffmengenbezogene Anzahl (molare Anzahl) der Atome bzw. Moleküle der Wert $6,02 \cdot 10^{23}$/mol. Diese Konstante nannte man Loschmidt-Konstante, heute heißt sie Avogadro-Konstante N_A. Damit sind in Stoffportionen gleicher Stoffmenge gleichviele Atome bzw. Moleküle enthalten, und das gilt nicht nur für ideale Gase. Diese auf der Avogadroschen Regel fußenden Folgerungen wurden erst spät von den Chemikern zur Kenntnis genommen (Cannizarro 1858 und auf dem Chemikerkongress in Karlsruhe 1860).Heute kommt nach dem internationalen Einheitensystem (SI) die Stoffmengeneinheit 1 mol derjenigen Stoffportion zu, die genauso viele Teilchen enthält, wie eine Portion des Kohlenstoffisotops C12 von 12g Masse Atome besitzt.

5. Die Elementarladung

5.1 Ionentheorie (Elektrolyse III)

Wenn auch die kinetische Gastheorie bestimmte Kenngrößen der Atome bzw. Moleküle angeben konnte, so blieb sie doch die Antwort auf folgende Fragen schuldig:
- Wie setzen sich die Atome der Elemente zu Molekülen der chemischen Verbindungen zusammen, und
- wie haben wir uns den inneren Aufbau bzw. die Struktur der Atome vorzustellen.

Hier führten zwei Forschungsrichtungen weiter, nämlich die Aufklärung der Vorgänge im Elektrolyt und die Untersuchungen der elektrischen Gasentladungen. *Unabhängig von der Gastheorie griff die Atomistik auf die Elektrizitätslehre über* (M. v. Laue).

Wilhelm Hittorf (1824-1914) war der erste, der Faradays Untersuchungen über die Elektrolyse sowie Grotthus' Vorstellungen (s. S. 22) weiterführte. Faraday war keineswegs davon überzeugt, dass die Elektroden Teile des Elektrolyten anziehen. Hittorf studierte die Elektrolyse („Über die Wanderung der Ionen während der Elektrolyse" 1853-1859) und vermutete, dass der elektrische Strom durch den Elektrolyt von freien Ionen getragen würde, die sich mit unterschiedlicher Geschwindigkeit auf die Elektroden zu bewegen. **Friedrich Kohlrausch** (1840-1910) zeigte 1874, dass jedes Ion eine charakteristische Beweglichkeit besitzt, und konnte daraus die elektrische Leitfähigkeit bestimmen. Man vertrat aber immer noch die Meinung, dass sich Ionen erst bilden, wenn ein elektrischer Strom fließt.

Der Schwede **Svante Arrhenius** (1859-1927) konnte die anomalen Werte des osmotischen Drucks (van't Hoff) und die Änderung der Leitfähigkeit mittels der Konzentration erklären, indem er davon ausging, dass die Ionen bereits in der Salzlösung vorhanden seien (1887). Diese elektrolytische Dissoziation von Molekülen in je zwei entgegengesetzt geladene Ionen bei allen Salzlösungen fand zunächst bei den Chemikern wenig Glauben; zu viele Verbindungen galten als außerordentlich stabil. Der Physikochemiker Ostwald und seine Schule verhalfen jedoch mit der Weiterführung und Bestätigung der Ionentheorie dieser bald zum Durchbruch. Sein Schüler **Walter Nernst** (1864-1941) baute sie aus und zeigte, dass die *durch den Strom gerichteten Geschwindigkeiten* (der Ionen) *sehr klein sind im Verhältnis zu der ungeordneten Geschwindigkeit der hin und her fahrenden Moleküle, die das Maß der ... Temperatur bildet* /8/.

5.2 Affinität und Wertigkeit

Im 18. Jahrhundert sprach man von chemischer Verwandtschaft (Affinität), wenn zwei Elemente leicht eine chemische Verbindung eingehen. (Cavendish glaubte bereits 1785 an eine zwischen den Körpern wirkende elektrische Kraft). Die Hypothese von den freien Ionen erlaubte zwar eine plausible Darstellung der Bindungsverhältnisse bei salzartigen Stoffen, nicht aber bei anderen Verbindungen. Erschwerend für die Aufklärung ihrer Struktur war, dass man noch lange Zeit nicht sauber zwischen 'Atom' und 'Molekül' unterschied. Nach Avogadro, der 1814 als erster die Bezeichnung 'Molekül' in seiner heutigen Bedeutung benutzte; treten Wasserstoff, Sauerstoff und Stickstoff als Moleküle auf.

Man stellte fest, dass in anorganischen Verbindungen Atome/Atomgruppen durch andere ersetzt (substituiert) werden können, ohne dass sich dabei der Verbindungscharakter ändert. So ersetzte 1837 Dumas Chlor durch Wasserstoff. Indem man ihm die Wertigkeit 1 zuschreibt ('einwertig'), folgt die Wertigkeit (Valenz) weiterer Stoffe, deren Mengen chemisch äquivalent sind (S. 23), als ganze Zahlen. Daraus zogen Dumas und Laurent 1839 - im Gegensatz zur damaligen Lehrmeinung - den Schluss, dass in jeder chemischen Verbindung einzelne Bestandteile durch andere ersetzbar sind. - Schon Daltons Gesetz der multiplen Proportionen enthält den Valenzbegriff, da stets nur eine ganze Zahl von Atomen des einen Elements sich mit einer ganzen Zahl von Atomen des anderen Elements verbinden kann. Aber auch die Vorstellungen Dumas' konnten sich bei der damaligen Unsicherheit in den Begriffen Atom- und Äquivalentgewicht nicht durchsetzen. Dies geschah erst 1852 durch E. Frankland (1825-1899), der den Begriff der Sättigungskapazität einführte, wobei ihm auch die Zusammensetzungen von Elementen, die in verschiedenen Wertigkeitsstufen auftreten, klar wurde.

Die an Hand der Experimente entwickelten Strukturformeln gaben die vermutete Anordnung der Atome (im Molekül) wieder. Die Striche dazwischen (Couper) sollten die Bindung zwischen ihnen verdeutlichen. Aber erst die zahlenmäßige Erfassung der Valenz oder Wertigkeit brachte den Durchbruch für die Strukturchemie. 1858 wies **August Kekulé** (1829-1896) darauf hin, dass jedes Atom nur zur Bindung einer ganz bestimmten Anzahl anderer Atome befähigt ist. Bei Verbindungen mit mehreren Atomen des Kohlenstoffs gelangte er mit dessen Vierwertigkeit und dem Begriff der Doppelbindung zur ringförmigen Anordnung der C-Atome im Benzolmolekül.
Es gab aber keine allgemeine Vorstellung von der Ursache der Valenz...Erst als die Physiker von den Elektronen wußten, wurden schließlich die Modellvorstellungen der Chemiker von denen der Physiker überholt (F. Hund).

5.3 Messung der Elementarladung

Auch die Erscheinungen der Elektrolyse haben zur Festigung des Valenzbegriffs beigetragen. Nach dem zweiten Faradayschen Gesetz wird nämlich gegenüber den Massen von einwertigen Stoffen nur die Hälfte an zweiwertigen, und nur ein Drittel an dreiwertigen Stoffen abgeschieden, und zwar bei gleicher Stromstärke und Zeitdauer; die durchgeflossene Elektrizitätsmenge ist also dieselbe. 1881 sprach **Hermann von Helmholtz** (1821-1894) in seinem Vortrag „Die neuere Entwicklung von Faradays Ideen über Elektrizität" die Vermutung aus, dass die insgesamt fließende Elektrizitätsmenge (elektrische Ladung) auf die Ionen verteilt sei, die entweder die doppelte oder dreifache Ladung tragen, gegenüber der kleinsten Ladung der Ionen einwertiger Stoffe. Man nannte letztere Elementarladung und spricht in Anlehnung an den Aufbau der Körper aus Atomen (Atomismus der Materie) vom 'Atomismus der Elektrizität'; heute sagt man, die elektrische Ladung ist gequantelt. *Damit war der Begriff der Wertigkeit von Elementen auf deren Atome bzw. Ionen übertragen.*

Der Wert dieser Elementarladung ließ sich erst angeben, nachdem sich mittels verschiedener Messmethoden $6 \cdot 10^{23}$ (genauer 6,02) als Wert der Avogadrozahl (N_A; s. S. 28) bestätigt hatte. Zum Abscheiden der Stoffportion eines einwertigen Stoffes der Stoffmenge 1 mol aus einem Elektrolyt benötigt man die Ladung $Q_F \approx 96500$ C, genauer 96485 C(oulomb), die sogenannte Faradayladung. Damit folgt für die Ladung eines jeden einwertigen Ions, die

$$\text{Elementarladung} \quad e = \frac{Q_F}{N_A} = \frac{96485 \text{ C / mol}}{6{,}02 \cdot 10^{23} \text{ / mol}} = 1{,}602 \cdot 10^{-19} \text{ C}.$$

Zweiwertige Ionen tragen die doppelte, dreiwertige die dreifache elektrische Ladung, und zwar das positive Ion ebenso wie das zugehörige negative Ion. Indem sie beim Abscheiden an den beiden Elektroden gleichzeitig gleichgroße entgegengesetzte Ladungen abgeben, wird der elektrische Stromkreis geschlossen.

Auch durch Zerstäuben erzeugte feine Öltröpfchen tragen keine beliebig großen Ladungen, sondern stets nur (wenige) Vielfache der Elementarladung. Dies stellte 1912-1916 **R. A. Millikan** durch Geschwindigkeitsmessungen in einem lotrechten elektrischen Feld fest, in dem er die Sink- bzw. Steigbewegung der geladenen Tröpfchen mit einem Mikroskop verfolgte. *Damit war nachgewiesen, dass es sich bei dem Wert der Elementarladung aus der Elektrolyse nicht um einen Mittelwert verschieden großer Ionenladungen handelt, sondern um eine echte (Natur-)Konstante.*

6. Das Periodensystem der Elemente

6.1 Ordnung in der Vielzahl der Elemente

Während man besonders in der organischen Chemie bereits räumliche Modelle zur Anordnung der Atome im Molekül entwickelte (Stereochemie), suchte man immer noch nach Gruppen von Elementen mit ähnlichen oder sogar gleichen Eigenschaften. Im Altertum waren nur neun chemische Elemente bekannt: Eisen, Kupfer, Quecksilber, Silber, Gold, Blei, Zinn, Kohlenstoff und Schwefel. 1817 werden 48, 1847 55 Elemente in Gmelins Handbuch genannt; 1865 sind 65 verschiedene Atomarten bekannt, die jede ein anderes chemisches Element charakterisieren. Da sich jedes Atom von den 64 anderen in seiner Qualität unterscheidet, tauchte bei einigen Chemikern die Vermutung auf, dass es eine Art Aufbauprinzip der Atome aus unterschiedlich vielen Wasserstoffatomen gebe. Diese in Vergessenheit geratene Proutsche Hypothese (1815), steckte hinter den 35 Jahre später einsetzenden Versuchen, Ordnung in die Vielzahl der Elemente zu bringen.

Ordnet man sie nach der relativen Atommasse, so legen die übrigen Eigenschaften nahe, einige Elemente in Gruppen zusammenzufassen. Bereits 1817 hatte J. W. Döbereiner eine Zusammengehörigkeit ('Analogie') von Ca, Sr und Ba vermutet, auf Grund der Dichten der zugehörigen Carbonate. Seiner Triadenregel folgten auch (C, Sr, Ba); (Li, Na, K); (Cl, Br, I); (S, Se, Te). Die relative Atommasse des jeweils mittleren schien das arithmetische Mittel der beiden anderen zu sein. Gmelin erweiterte 1843 einige Triaden zu größeren Gruppen. 1850 entdeckte Pettenkofer zahlenmäßige Beziehungen zwischen den relativen Atommassen chemisch verwandter Elemente, insbesondere der 'natürlichen Gruppen' wie (N, P, As, Sb). 1858 stellte Dumas *natürliche Familien von chemischen Elementen* zusammen, z.B. (Cr, Mo, W). Beziehungen der Gruppen untereinander wurden noch nicht gesehen.

Ein erster Versuch, die Ordnungsprinzipien 'chemische Ähnlichkeit' und 'steigende Atommasse' in einer Anordnung zu vereinigen, wurde 1862 von Béguier de Chancourtois unternommen. Er ordnete die Elemente nach 'charakteristischen Zahlen', wozu er ganzzahlige Werte der damals bekannten relativen Atommassen verwendete. Die entstehende eindimensionale Reihe legte er schraubenförmig so um einen Zylinder, dass nach Möglichkeit chemisch ähnliche Elemente vertikale Gruppen bildeten. 1864 führte Newlands eine Ordnungszahl für jedes Element ein und stellte ein 'Gesetz der Oktaven' auf, bei dem sich die chemischen Eigenschaften nach jeweils sieben Elementen wiederholten.

6.2 Der Entwurf zum Periodensystem der Elemente

Je mehr die systematische Ordnung der Chemie sich befestigt, desto mehr wird erlaubt sein, die Spekulation dem Empirismus gleichberechtigt zur Seite zu stellen (L. Meyer). Dieses Motto stand in den 60-er Jahren des 19. Jahrhunderts über der fast fieberhaften Suche nach Ordnungsprinzipien unter den Elementen. Dabei kam es schließlich zu periodischen Anordnungen fast aller Elemente in einem einzigen Schema. So hatte 1864 **Lothar Meyer** (1830-1895) eine Klassifizierung der Elemente in 6 Gruppen vorgenommen. Wie er, glaubte auch **Dimitri Ivanowitsch Mendelejeff** (1834-1907) an ein periodisches Ordnungsprinzip: *Ich bezeichne als periodisches Gesetz die weiter zu entwickelnden gegenseitigen Verhältnisse der Eigenschaften der Elemente zu den Atomgewichten, welche auf alle Elemente anwendbar sind; diese Verhältnisse besitzen die Form einer periodischen Funktion.* 1869 veröffentlicht er sein erstes Periodensystem der Elemente. 1870 folgt L. Meyer mit einer Einteilung von 55 Elementen in acht Gruppen, wobei er auf die Ähnlichkeit zu Mendelejeffs System hinweist.
Mendelejeffs zweites und drittes Periodensystem der Elemente zeigen eine weitgehende Übereinstimmung mit der heutigen Form. (Später wurden noch die Edelgase angefügt). Für die freien Plätze darin, die durch kein damals bekanntes Element ausgefüllt werden konnten, sagte er noch zu entdeckende Elemente voraus mit Eigenschaften, die mit denen der schließlich gefundenen Elemente erstaunlich gut übereinstimmten, so z.B. für Germanium (Winkler 1886), Polonium (M. Curie 1898) und Protaktinium (Hahn u. Meitner 1918). Auch konnte er mittels Interpolation einige relative Atommassen korrigieren. (Bei der Entdeckung des Planeten Neptun war es ähnlich; dessen Stellung hatte Leverrier so genau vorausberechnet, dass Galle ihn beobachten konnte).

Mit der Aufstellung des Periodensystems der Elemente fand zwar die vorher mehr spekulative Suche nach einer inneren Verwandschaft verschiedener Elemente einen krönenden Abschluß. Aber auch nach diesem Erfolg war man immer noch der Überzeugung, *daß irgend ein gemeinsames Ding in allen Elementen vorhanden sein müsse* (V. Meyer 1890). Und erst mit der Deutung der Radioaktivität zeigte sich, dass Prout mit seiner Hypothese das Aufbauprinzip aller Atomarten schon 85 Jahre vorher vorausgesagt hatte.-
Mit der Entdeckung der Spektralanalyse (**Kirchhoff** und **Bunsen**) war seit der Mitte des 19. Jahrhunderts ein physikalisches Analyseverfahren hinzugekommen. (Man fand damit Cäsium und Rubidium). Durch die eindeutige Zuordnung von bestimmten Spektrallinien zu jedem Element - vergleichbar dem Fingerabdruck in der Kriminalistik - hat die Spektralanalyse die Vervollständigung des Periodensystems der Elemente vorangetrieben.

7. Anzeichen einer Struktur des Atoms

7.1 Gasentladungen

Bis weit in die zweite Hälfte des 19. Jahrhunderts hinein stellte man sich - insbesondere in der kinetischen Gastheorie - die Atome als glatte elastische Kugeln vor. Eventuell hätten sie 'Haken' zum Ankoppeln an andere Atome, meinte man zur Veranschaulichung der Bindungen in den Strukturformeln. Im übrigen verstand man unter Atomen harte, unvergängliche und unteilbare Partikel (Maxwell), was eine innere Struktur des Atoms ausschloss. Diese Anschauung wurde spätestens ab etwa 1880 in Frage gestellt, nachdem man bei Gasentladungen eine Art von Teilchen entdeckt hatte, die man für nicht an Materie gebundene 'Elektrizitätsatome' hielt.

Die frühesten Gasentladungen waren Funkenentladungen in Luft, die mittels Elektrisiermaschinen hervorgerufen wurden (Faraday 1830). Aber erst die vielfältigen Leuchterscheinungen in verdünnten Gasen regten die Experimentalphysiker für Jahrzehnte zu besonderer Aktivität auf diesem Gebiet an. Zu den Versuchen wurden langgestreckte Glasröhren mit verdünnten Gasen gefüllt und zwischen den beiden Elektroden (zunächst an den Enden der Röhre) eine hohe Spannung angelegt. Außer diesen Röhren entwickelte **H. Geißler** (1814-1879) eine Quecksilberluftpumpe, mit der ein wesentlich geringerer Druck und damit eine weitergehende Verdünnung der Gase erreicht werden konnte. Mit diesen Geißlerschen Röhren und durch Verwendung von Funkeninduktoren wurden die Versuchsbedingungen erheblich verbessert, unter denen von **J. Plücker** (1801-1868) und seiner Schule in Bonn eine ganze Reihe bedeutender Versuche durchgeführt wurden, die auch zur Aufhellung der Struktur des Atoms beitrugen.

Am stärksten faszinierten die vielfältigen Leuchterscheinungen, wie sie bei geringem Unterdruck auftreten. Hier gibt es - insbesondere in dem Bereich vor der Kathode - mehrere leuchtende Schichten getrennt von Dunkelräumen. Zur Anode hin ist das Leuchten nicht mehr so stark ausgeprägt und endet mit einigen Zonen in gleichem Abstand voneinander. Verringert man den Druck in der Röhre noch weiter, so ändern die Leuchtzonen ihre Ausdehnung und Lage im Rohr; dabei lässt ihre Leuchtkraft so weit nach, dass das Rohr schließlich dunkel erscheint. Jedoch muss noch eine Strahlung von der Kathode ausgehen, denn am gegenüberliegenden Ende leuchtet das Rohr in einer grünlichen Fluoreszenz auf. Man nannte sie Kathodenstrahlen, deren Entdeckung Plücker (1859) zugeschrieben wird. Der Name stammt von Goldstein (1876).

7.2 Kathodenstrahlen

In den Jahren von 1855 bis 1870 wurden die Kathodenstrahlen - auch 'Glimmlicht-Strahlen' genannt - von Plücker und seinem Schüler **J. W. Hittorf** (1824-1914; Abb.18) eingehend untersucht. Dabei stellten sie folgende Eigenschaften fest:
- Die Kathodenstrahlen regen bestimmte Substanzen zu Fluoreszenz an, z.B. Glas. Besonders helle Leuchterscheinungen zeigt ein mit Zinksulfid bestrichener Schirm im 'Strahlengang'.
- Die Kathodenstrahlen treten aus der Kathode aus und breiten sich geradlinig im Raum aus. Bringt man in ihren Weg ein Hindernis, so wird dessen Umriss an der dahinter liegenden Glaswand durch das Fehlen der Fluoreszenz sichtbar (Abb.19a).
- Kathodenstrahlen werden im Magnetfeld abgelenkt (Hittorf).

Ein weiterer Schüler Plückers, E. **Goldstein** (1850-1930), untersuchte seit 1871 die Kathodenstrahlen und ergänzte die Beobachtungen wie folgt:
- Die Kathodenstrahlen treten senkrecht aus der Kathodenoberfläche aus und breiten sich bis zur gegenüberliegenden Glaswand aus, unabhängig vom Ort der Anode in der Röhre.
- Die Eigenschaften der Kathodenstrahlen ändern sich nicht mit dem verwendeten Material der Kathode.
- Kathodenstrahlen können ebenso wie die ultravioletten Strahlen der Sonne chemische Reaktionen auslösen (nach /9/).

In England verfügte W. **Crookes** (1832-1919) ab 1879 über stärker evakuierte Entladungsröhren. Mit Hilfe dieser Crookesschen Röhren wies er z.B. nach, dass bei Fokussierung von Kathodenstrahlen (durch konkave Kathoden) auf einen Punkt der 'Gegenkathode' dort Rotglut erzeugt wird, woraus er auf die Übertragung von Energie durch die Kathodenstrahlen schloss. Dagegen ist die Rotation eines Flügelrades im Strahl (Abb.19b) kein eindeutiges Indiz für eine Impulsübertragung der Kathodenstrahlen; J.J. Thomson meinte später, es könne sich auch um eine Drehung infolge der stärkeren Erwärmung der Vorder- gegenüber der Rückseite der Rotorflächen handeln, den Radiometereffekt, der bei der heutigen Lichtmühle auftritt.
In der ersten Zusammenfassung seiner Untersuchungen über Gasentladungen (1879) verwendet Crookes den Ausdruck 'Kathodenstrahlen' noch nicht; er spricht von 'strahlender Materie' als viertem Aggregatzustand. Die Ergebnisse der Versuche mit Hittorfs 'Glimmlicht-Strahlen' und Crookes' 'strahlender Materie' wurden in Europa wiederholt geprüft, wobei die Meinungen der Experimentatoren über ihre Natur weit auseinandergingen.

Abb. 15: Johann Wilhelm Hittorf   Abb. 16: Heinrich Hertz

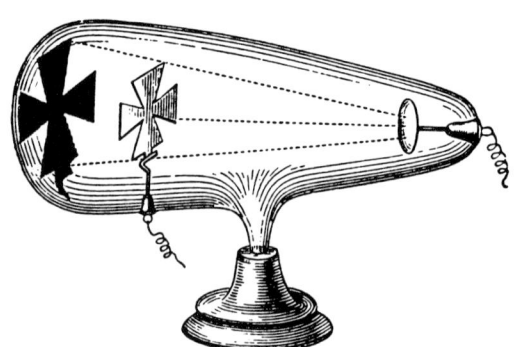

Abb.17: Schattenkreuzröhre

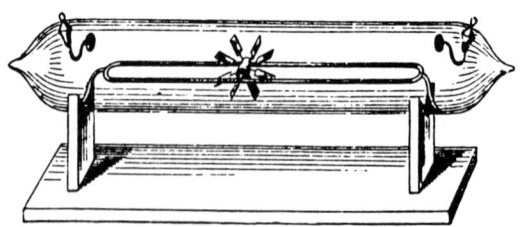

Abb.18: ´Kathodenmühle´

Bereits 1871 hatte **F.Varley** (1828-1883) den Gedanken geäußert, dass die Kathodenstrahlen aus negativ geladenen Teilchen bestehen könnten, da bewegte negative Ladungen ebenso wie die Kathodenstrahlen in einem Magnetfeld abgelenkt werden. Crookes war dann der erste, der versucht hat, die bei den Kathodenstrahlexperimenten beobachteten Erscheinungen theoretisch zu deuten. Er äußerte sich dahingehend, dass der Kathodenstrahl ein Teilchenstrahl negativer Molekeln sei. Die Molekeln würden bei einem zufälligen Stoß auf die Kathode negativ aufgeladen und dann mit großer Geschwindigkeit von ihr abgestoßen /10/.

Dem widersprach **A. Schuster**, der 1884 zeigte, dass Moleküle nicht in der Lage sind, durch bloßen Kontakt mit der Kathode elektrische Ladung aufzunehmen. Er schloss vielmehr - in Analogie zur Ionentheorie - , dass es sich bei den Kathodenstrahlen um Ionen handeln müsse. Ein Indiz für diese Hypothese wäre der Nachweis, dass die geladenen Atome in der Gasentladung stets eine gleichgroße Ladung transportieren. Dazu machte Schuster viele Jahre hindurch Messungen der spezifischen Ladung e/m der Partikel der Gasentladung, bis er schließlich 1890 seine ersten positiven Ergebnisse vorlegen konnte /6/. Bereits vorher war man in England vom Teilchencharakter der Kathodenstrahlen überzeugt. Stoney nannte sie 1891 Elektronen.

Ganz anders war die Meinung der deutschen Physiker. Bestärkt durch die Entdeckung der elektrischen Wellen durch **Heinrich Hertz** (1857-1894; Abb.16) hielt man die Kathodenstrahlen für ein Wellenphänomen. Die Ablenkung im Magnetfeld war für Hertz kein Gegenargument: *Diese Kathodenstrahlen sind elektrisch indifferent, unter den bekannten Agentien ist das Licht die ihnen am nächsten verwandte Erscheinung. Die Drehung der Polarisationsebene des letzteren ist das Analogon zur Beugung der Kathodenstrahlen durch den Magnet* (1883; nach /9/). Auch die trotz intensiver Suche von ihnen nicht gefundene Ablenkung in einem elektrischen Feld trug dazu bei, dass Goldstein und Hertz (dieser noch in seiner letzten Veröffentlichung 1892) an der Hypothese der Wellennatur festhielten.

Dabei hatte A.Schuster bereits 1884 die Lichtemission im Gasrohr mittels Stoßanregung durch Kathodenstrahlteilchen richtig gedeutet. Als dann **Ph. Lenard** die Kathodenstrahlen durch dünne Metallfolien aus der Röhre austreten ließ (Lenardfenster 1893), stand fest, dass es sich bei ihnen nicht um negative Ionen handeln konnte. 1895 fing **J. P. Perrin** (1870-1942) die Teilchen in einem Faradaybecher auf (Perrinröhre), womit ihre negative Ladung zur Gewissheit wurde. Mit den Kathodenstrahlen *wurde das Innere der Atome erforschbar trotz deren, sie den Sinnen unmittelbar entziehenden Kleinheit* /1/.

7.3 Hypothetische Atommodelle zwischen 1867 und 1890

Bei der Suche nach einem Atommodell hatten die Physiker nicht nur die Struktur der Atome aufzuklären. Sie mussten auch für deren Einbettung in den alles umgebenden Äther eine Erklärung finden. Eine Hypothese, die beides berücksichtigt, stellte **William Thomson** (**Lord Kelvin,** 1824-1907) mit seinem Vortex-Modell (vortex/vertex; lat.: Wirbel) 1867 auf.

Unter dem Äther stellte man sich damals ein alles durchdringendes Medium vor, das der Sitz aller physikalischer Erscheinungen sei. Man glaubte mit ihm elektrische, magnetische und Gravitationseigenschaften sowie die Schwingungsfähigkeit gegenüber dem Licht erklären zu können. In diesem Medium müssten nach Thomson auch die Atome enthalten sein und sich bewegen, ohne dass es einer weiteren Substanz bedürfe.
Angeregt zu seinem Atommodell wurde er durch Experimente seines Kollegen Tait mit Rauchwirbeln. Auch waren ihm die Maxwellschen Wirbelsätze bekannt (die Thomson später verallgemeinerte). Dabei passte es in sein Modellkonzept, dass einmal entstandene Wirbelbewegungen erhalten bleiben. Ein Wirbel in einem reibungsfreien Medium besäße damit die Eigenschaften eines Atoms im Äther: Die Einwirkungen der Atome aufeinander entsprächen dem Zurückprallen der Rauchringe nach Annäherung, die Molekülbildung der Verkoppelung zweier Ringe. Zur Erklärung der zwischen Stabmagneten wirkenden Kräfte führte Thomson die Analogie zur Kraftwirkung zwischen zwei von einer Flüssigkeit durchströmten Röhren an. Jedoch konnte er die Elektrizität nicht erklären; auch war die Flüssigkeit unfähig, Vibrationen zu übertragen, die denen des Lichtes ähnelten (/10/).

Letzteres leistete erst das Medium der Maxwellschen Elektrodynamik (1861-1873). Dabei schrieb man ihm damals die widersprüchlichsten elastischen Eigenschaften zu: leicht und unsichtbar, aber zugleich von größter Dichte (Hittorf: *Hart wie Schusterpech*). In Anlehnung an Maxwells Vorstellung des magnetischen Feldes als Flüssigkeit mit Wirbeln, verwendete Thomson zur Rettung seines Vortex-Modells ein Medium, das er *Schwamm-Wirbel* nannte. Dies verhält sich, was die Fortpflanzung der elektrischen Wellen angeht, wie ein wabernder Gelee. Durch zusätzliche Eigenschaften glaubte er sowohl das elektrische Feld (als korkenzieherförmige Woge) als auch das magnetische Feld (spätere Bezeichnungen) erklären zu können. Die Atome wären dann wieder geschlossene Wirbelringe wie im ursprünglichen Vortex-Modell, und die Gravitation käme durch deren Bewegung durch den ganzen Raum zustande /10/. Auch wegen dieser Denkschwierigkeit wurde das Vortex-Atom als mechanisches Modell um 1888/89 aufgegeben.

Durch den Erfolg der Maxwellschen Theorie wurden die früheren Ansätze einer atomistischen Anschauung der Elektrizität von den meisten Physikern nicht weiter verfolgt. Eine Ausnahme war **Wilhelm Weber** (1804-1891), der spätere Weggefährte von C.F.Gauß in Göttingen. Schon bei der Deutung der elektrischen Leitfähigkeit (1852) ging er von punktförmigen positiven wie negativen Ladungsträgern aus, zwischen denen nach seinem *Grundgesetz der elektrischen Wirkung* eine Kraft wirkt. Diese Kräfte zwischen den in einem Doppelstrom sich begegnenden elektrischen Teilchen sollten den elektrischen Widerstand im metallischen Leiter erklären.

Infolge seiner Nähe zur französischen Schule nahm Weber Ampèresche Kreisströme an, in deren Form kleine negative Elektrizitätsträger widerstandslos um die als ruhende Gitterpunkte gedachten positiven Elektrizitätsmengen kreisen, ähnlich wie die kleinen Materiebrocken beim Saturn. Dieses Modell hat Weber 40 Jahre lang immer weiter ausgebaut. 1862 ersetzte er den Saturnring, den das negative Fluidum bilden sollte, durch einzelne Monde, mit einer gegenüber dem schweren Atomzentrum verschwindend kleinen Masse. Durch die Wirkung dieser umlaufenden negativen Teilchen auf den Äther wollte Weber auch die Lichtaussendung erklären. Dieses erste Planetenmodell des Atoms nahm nicht nur die Annahme bewegter Ladungen im Atom vorweg (Lorentz 1896), sondern war auch eine Vorahnung der Elektronenbahnen des Wasserstoffatoms, die Bohr erst 50 Jahre später postulierte.- *Alle diese Modelle* (Perrin 1901; Nagaoka 1904) *gingen von einer nicht homogenen Massenverteilung aus.*

Wie nahe Weber mit seinen Ideen sogar dem Rutherfordschen Atommodell gekommen ist, zeigen spätere Arbeiten, die z.T. erst in seinem Nachlass gefunden wurden. Darin versucht er nicht nur die chemische Affinität, sondern auch den Aufbau des periodischen Systems zu erklären. Dazu dachte er sich die Atome aus zwei Sorten von geladenen 'Elementarteilchen' aufgebaut. Diese kämen sowohl einfach: (+1) bzw.(-1), als auch in Gruppen von n Teilchen vor: (+n) bzw. (-n). Drittens gebe es die mit Masse behafteten Atome. Das leichteste sei das Wasserstoffatom [+1;-1]; es folgen Atome mit der relativen Atommasse n: [+n;-n]. Unter den vielen möglichen Kombinationen kommen auch solche mit [+n; $n \cdot (-1)$] vor, also getrennten elektrischen Teilchen, ähnlich wie später im Schalenmodell.
In England entwarf man mechanische Atommodelle, die insbesondere die anomale Dispersion des Lichtes erklären sollten. Das erste von W.Thomson bestand aus konzentrischen Kugelschalen, die durch Federn auf gleichem Abstand gehalten wurden. Je nach deren Stärke und der Masse der Schalen resultierten unterschiedliche Eigenschwingungen des Systems. Damit wollte man auch die verschiedenen Spektren der Elemente erklären /6/.

8. Atommodelle auf experimenteller Grundlage

8.1 Lorentz' Elektronentheorie (ab 1892)

Mit der Entdeckung der Röntgenstrahlen, der Radioaktivität sowie der Messung von Eigenschaften der Kathodenstrahlteilchen in den Jahren 1895 bis 1897 wurde die Vermutung einer elektrisch geprägten Struktur des Atoms in kurzer Zeit zur Gewissheit. Bereits vorher konnten Vorgänge der Elektrizitätsleitung sowie der Lichtdispersion durch die Annahme von positiven und negativen Ladungen in der Materie gedeutet werden. Diese Elektronentheorie (spätere Bezeichnung) bildet die Grundlage des ersten Atommodells, das auf experimentellen physikalischen Befunden beruhte.

Mit seiner Elektronentheorie suchte **Hendrik Antoon Lorentz** (1853-1928) zunächst die Wechselwirkungen zwischen entgegengesetzten Ladungen in die Maxwellsche Theorie einzuführen. Danach waren bestimmte geladene Partikel in Metallen frei beweglich, während sie in Isolatoren an ihre Gleichgewichtslage gebunden waren, um die sie harmonische Schwingungen ausführen konnten. Durch das Verhalten dieser Ladungsträger sollten die elektrischen und magnetischen Felder im Äther hervorgerufen werden.

Dank dieser Vorstellungen gelang es Lorentz, die Materialkonstanten der Maxwellschen phänomenologischen Feldtheorie zu bestimmen. Die Dielektrizitätskonstante erklärte er mittels Dipolen, die durch ein angelegtes elektrisches Feld ausgerichtet werden. Die elektrische Leitfähigkeit begründete er mit der Beweglichkeit der Ladungsträger in der Materie. Die Dispersion des Lichtes erklärte er damit, dass die elastisch gebundenen Partikel durch elektromagnetische Wellen zu erzwungenen Schwingungen angeregt würden. Zur Natur der Partikel äußerte sich Lorentz 1892 nur vage; er identifizierte sie 1895 als negative Ionen, in Anlehnung an die Elektrolyse.

Die Permeabilität führte Lorentz auf Ringströme zurück, die durch um die Atomrümpfe kreisende negative 'Lorentzionen' bedingt sind. Diese historisch früheste Annahme von Ladungsträgern, die sich im Atom bewegen, veranlasste Lorentz zu der Folgerung, dass dann ein magnetisches Feld Einfluss auf das Spektrum haben müsse. Bei den ersten Experimenten, mit denen sein Schüler P.Zeeman die erfolglosen Versuche Faradays in einem stärkeren Magnetfeld wiederholte, konnte er zunächst nur eine Verbreiterung der Na-D-Linie im Magnetfeld nachweisen. Lorentz hatte aber auf Grund der elastisch gebundenen Lorentzionen im Atom das Auftreten weiterer Linien ('Aufspaltung' der Linie ohne Magnetfeld) vorausgesagt.

8.2 Der Zeemaneffekt und seine atomistische Deutung

Nach weiteren Versuchen konnte **Pieter Zeeman** (1865-1943) 1897 die Aufspaltung gewisser Linien einiger Elemente nachweisen. Dieser normale Zeemaneffekt besteht darin, dass bei Beobachtung senkrecht zur Richtung der magnetischen Feldlinien zwei weitere Linien symmetrisch zur ursprünglichen Linie erscheinen. Dies ist auch der Fall bei Beobachtung in Richtung der magnetischen Feldlinien (durch einen Kanal im Polschuh), wobei jedoch jetzt die ursprüngliche Linie fehlt. Auch der Polarisationszustand der zusätzlichen Linien ergab sich genau nach der Lorentzschen Theorie, wodurch diese in allen Einzelheiten bestätigt wurde.

Dabei ging Lorentz von der Kreisbewegung eines Ladungsträgers im Atom aus, wobei die Herkunft der Zentripetalkraft offen blieb. Im Magnetfeld wirkt auf eine Ladung senkrecht zu ihrer Bahnrichtung die Lorentzkraft (heutiger Name). Wie die Theorie ergibt, weicht aber die Ladung daraufhin nicht auf eine engere oder weitere Kreisbahn aus, sondern wird schneller bzw. langsamer. Und zwar erfolgt eine Veränderung der Kreisfrequenz (Larmorfrequenz ω_L) um $\Delta\omega_L \approx qB/2m$ wo q bzw. m die Ladung bzw. Masse des Ladungsträgers, und B ein Maß für die Stärke des homogenen Magnetfeldes ist. Diese Frequenzänderung ist positiv oder negativ je nach dem Umlaufsinn (und dem Vorzeichen) des Ladungsträgers. Sie entspricht genau dem 'Abstand' der beiden (Seiten-) Linien von ihrer Mitte im Spektrum. Dieser ist bei gleichen Ladungsträgern nur von der Stärke des Magnetfeldes und weder vom Radius noch von der Frequenz der ursprünglichen Linie abhängig, also für alle Kreisbahnen gleichgroß. Dies gilt auch, wenn Bahnebene und Magnetfeld nicht senkrecht aufeinander stehen.

Gegenüber diesem normalen Zeemaneffekt zeigt sich bei anderen Elementen eine Aufspaltung in eine Vielzahl von Linien (Dupletts, Tripletts). Obwohl dies bei der Mehrzahl der Elemente auftritt, spricht man hier vom anomalen Zeemaneffekt. 1898 fand Preston, dass die Aufspaltung entsprechender Linien verschiedener Elemente dasselbe Muster zeigt. Runge stellte 1907 die Regel auf, dass die Aufspaltungen des anomalen Effekts in einfachen rationalen Verhältnissen zur normalen Aufspaltung stehe.

War die erfolgreiche Deutung des normalen Zeemaneffekts einer der Höhepunkte der klassischen Elektrodynamik von Lorentz und Larmor, so blieb der anomale Zeeman-Effekt bis 1925 einer der Stolpersteine aller klassischen und halbklassischen Ansätze (/11/). *Trotzdem hat der Erfolg der Lorentzschen Theorie außerordentlich viel dazu beigetragen, daß man lernte, Atomspektren auf die Eigenschaften von Atomzuständen zurückzuführen* (Mayer-Kuckuk).

8.3 Allgemeine Existenz des Elektrons

Bereits die Ablenkung im Magnetfeld (Hittorf 1869) wies auf die korpuskulare Struktur der Kathodenstrahlen hin. Auf Vorschlag Perrins (1905) hin untersuchte man die Ablenkung der Strahlen in starken elektrischen und magnetischen Feldern, um den Wert der spezifischen Ladung (e/m) der vermuteten Ladungsträger zu ermitteln. Die noch unsicheren Werte ergaben mit dem Wert von e (Elektrolyse) eine damals unvorstellbar kleine Masse der Teilchen (Wiechert: 1/2000 der Masse des Wasserstoffatoms).

Hier setzten die Untersuchungen von **Joseph John Thomson** (1856-1940; Abb.19) am Cavendish-Laboratorium in Cambridge ein. Nach Verbesserung des Vakuums, das für die in Bonn nicht gelungene Ablenkung im elektrischen Feld (s.S.37) verantwortlich gewesen war, errechnete er 1897 einen unter allen Versuchsbedingungen gleichgroßen Wert von e/m der vermuteten Teilchen, die er *Korpuskeln* nannte. Die Ladung ermittelte er später mit der Nebelkammer seines Schülers **C.T.R.Wilson**, mit der man die Kondensationspuren sichtbar macht, die elektrische Ladungsträger beim Durchgang durch gesättigten Wasserdampf hinterlassen.

Abb. 19: Josef John Thomson

Lenard hatte zur gleichen Zeit Hertz' Untersuchungen *„Über den Durchgang von Kathodenstrahlen durch dünne Metallschichten"*(1892) fortgesetzt. Auf der Tagung der Royal Society 1896 verteidigte er die Äthertheorie der Kathodenstrahlen gegenüber der Korpuskulartheorie. Seine Veröffentlichung von 1898 hielt er für die historisch erste *einwandfreie überzeugende Feststellung dessen, was man bald Elektron nannte*. So kam es zum Prioritätsstreit Lenards mit J.J.Thomson über die Entdeckung des Elektrons.

Die Korpuskularvorstellung wurde zunächst noch zurückhaltend aufgenommen, forderte Thomson doch eine allgemeine Existenz seiner Korpuskeln, die er für Urteilchen eines jeden chemischen Elements/Atoms hielt. Zu ihrem weiteren Nachweis und zur e/m-Bestimmung benutzte Thomson ab 1896 Röntgenstrahlen und radioaktive Strahlen zur Ionisierung bzw. Bestrahlung von Metallen. Bei der β-Strahlung wiesen 1900 Bequerel und Thomson nach, dass es sich um dieselben Korpuskeln wie bei den Kathodenstrahlen handelt.

8.4 Masse-Ladungs-Modelle

Diese Effekte bestärkten die Physiker in der Ansicht, dass die emittierten Elektronen aus dem Atom stammen. Nach Lorentz sollte jeder Korpuskel eine Kreisbewegung eingeprägt sein. Diese oder Schwingungsbewegungen von Elektronen im Atom eröffneten für die Konstruktion weiterer Atommodelle die Aussicht, auch die Lichtemission erklären zu können. Dies war der Stand in der Physik um 1900: Das Atom besteht aus einem positiv geladenen Anteil und aus einer Anzahl Elektronen. Die Spektrallinien rühren von Bewegungen dieser Elektronen her.

Von den Atommodellen zwischen 1900 und 1904 gehen zwei davon aus, dass die positive Ladung gemeinsam mit der Masse gleichmäßig über das ganze Kugelvolumen des Atoms verteilt ist. Darin sind laut dem Aepinus-Modell von Lord Kelvin (1902) die Elektronen als viel kleinere, negativ geladene Kugeln eingebettet, wie die Kerne in einer Wassermelone. Ihre Abstoßungskräfte untereinander und die Anziehung zum Mittelpunkt der positiven Materiekugel führt zu einer Anordnung der Elektronen mit festen Mittelpunktsabständen. Bei der Auslenkung wirkt auf sie eine rücktreibende Kraft mit linearem Kraftgesetz. Solche harmonischen Schwingungen der Elektronen erklären jedoch nicht die Lichtaussendung, da die Spektralfrequenzen nicht zu Grund- und Oberschwingungen gehören.

Nachdem man lange über die Anzahl der Elektronen im Atom - auch als Träger der Masse - spekuliert hatte, setzte J.J.Thomson sie gleich der halben relativen Atommasse. In seinem 'Zwiebelmodell' (1904) kommt es durch die Kräfte innerhalb der positiven Ladungskugel zu stabilen Anordnungen der Elektronen: Hantel (He), gleichseitiges Dreieck (Li), Quadrat (Be). Nach Bor (regelmäßiges Fünfeck) fährt Thomson mit weiteren, konzentrischen Ringen (electron shells) fort, die alle sukzessive mit Elektronen besetzt werden; z.B für Natrium 8 auf einem zweiten Ring und 3 innen /11/. (Bei bewegten Korpuskeln räumliche Anordnungen: Tetraeder bei Be). Thomson erblickte darin eine Übereinstimmung der chemischen Eigenschaften bei gleichen inneren Schalen. Später stellte er den Zusammenhang der Außenelektronen mit dem Periodensystem der Elemente her. Die Valenzen und die Verbindungsbildung beruhe auf der *Leichtigkeit, mit der Korpuskeln in das Atom eintreten oder aus dem Atom austreten können.*
Das Zwiebelmodell war das erste, das eine Periodizität - nicht genau die gleiche wie im Periodensystem der Elemente - durch Anordnung der Elektronen im Atom erklärte. Die Hauptkritik an diesen Atommodellen war, dass sie keine Begründung für die Stabilität *des ausgedehnten positiven Ladungsnebels von der Größe des Atomkörpers* erlauben (W.Kossel).

9. Die Radioaktivität

9.1 Die Entdeckung der Radioaktivität

Um die Jahrhundertwende erfolgte eine Entdeckung, welche das Prinzip der Unveränderlichkeit aller irdischen Atome aufhob (W.Gerlach). Bereits im Januar 1896 zirkulierten unter den Physikern Aufnahmen, die Röntgen mit seinen X-Strahlen erhalten hatte. Da die Strahlen von der *Stelle der Wand des Entladungsapparates, die am stärksten fluoreszierte*, auszugehen schienen, vermutete **Henry Becquerel** (1852-1908; Abb.20) einen Zusammenhang zwischen Fluoreszenz und Röntgenstrahlen. Poincaré hatte die Frage aufgeworfen: *Strahlen alle Körper mit genügend starker Fluoreszenz ohne Unterschied der Ursache sowohl Licht als auch X-Strahlen aus?* Wenn ja, dürften Phänomene dieser Art keine elektrische Ursache haben. Dies veranlasste Becquerel, seine früheren Versuche mit einem Fluoroskop zur Messung der Stärke der Fluoreszenz von Uran, wieder aufzunehmen.

Wie früher wickelte er photografische Platten in dichtes schwarzes Papier ein, legte darauf fluoreszierendes Uransalz und setzte beides zusammen mehrere Stunden der Sonnenstrahlung aus. Als nach dem Entwickeln die Platten keine Lichtschleier aufwiesen, wohl aber sich die Silhouette der fluoreszierenden Substanz schwarz abzeichnete, folgerte Becquerel daraus, *daß die fragliche Substanz Strahlung aussendet, die lichtundurchlässiges Papier durchdringt.* Während Becquerel hier noch an die Aussendung von Röntgenstrahlen während der Fluoreszenz der Uranverbindung glaubte, entfiel diese Erklärung durch einen glücklichen Zufall: Während mehrerer Tage schien die Sonne nicht; die währenddessen in einer Schublade verbliebenen Proben zeigten aber dieselbe Erscheinung wie vorher unter Lichteinwirkung. Sofort drängte sich Becquerel *der Gedanke auf, daß der Prozeß auch im Dunkeln weitergehen konnte ... Das Uransalz emittiert, unabhängig davon, ob es vorher der Sonneneinstrahlung ausgesetzt war oder nicht, Strahlung, die in der Lage war, schwarzes Papier zu durchdringen.*

Trotz seiner acht Mitteilungen von 1896 blieb Becquerels Entdeckung hinter dem Interesse an den Röntgenstrahlen zurück. Seine Schülerin **Marie Curie** (geb. Slodowska, 1859-1934; Abb.21) konnte unter primitiven Arbeitsbedingungen aus Uranpechblende weitere radioaktive Ausgangsstoffe anreichern und schließlich gewinnen: Thorium und zusammen mit ihrem Mann **Pierre Curie** (1859-1906; Abb.22) Polonium und Radium. Ihre weitere Arbeit hatte 1902 Erfolg. Sie bestimmten das Atomgewicht und die Spektrallinien von Uran. Dies erweiterte die Nachweismethoden von Strahlern.

1899 hatten die Curies in der Nachbarschaft von radioaktiven Quellen (sogen. induzierte) Radioaktivität festgestellt. Rutherford führte sie auf radioaktive Gase zurück, die aktive Niederschläge bilden. Damit war neben der Strahlung auch der Ausstoß von radioaktiven Gasen (Emanationen) durch radioaktive feste Körper entdeckt. Bald wurden die Emanationen von Thoron (Rutherford und Owens) und von Radon nachgewiesen. P.Curie zeigte, dass für Radiumemanation das Gay-Lussacsche Gesetz gilt. Auch die mit der Zeit abnehmende Strahlung wurde an den Emanationen studiert.

9.2 Gesetzmäßigkeiten der Radioaktivität

Zeitgleich mit der Intensität der Strahlung nimmt auch die Masse des Strahlers nach einem exponentiellen Gesetz ab (Elster und Geitel 1899). Rutherford bestimmte die Halbwertszeit T_H (eingeführt 1903 von P.Curie), nach deren Ablauf nur noch die Hälfte der strahlenden Substanz vorhanden ist. Da der Wert von T_H (bzw. der Zerfallskonstanten $\ln 2/T_H$) sich unter allen äußeren Einwirkungen als unverändert erwies, hatte man eine für jeden radioaktiven Strahler charakteristische Größe gefunden. Dieser radioaktive Zerfall schien gegen die bis dahin gültige Erhaltung der Masse zu sprechen.

Bereits 1902 waren Rutherford und Soddy auch durch Energiemessung *zu der Auffassung gelangt, daß ... die Radioaktivität eine Begleiterscheinung einer inneratomaren chemischen Umwandlung ist*, an der bald niemand mehr zweifelte. 1911 waren bereits 30 Elemente als radioaktiv erkannt. Fast alle Strahler ließen sich in drei Zerfallsreihen anordnen, in denen die Tochtersubstanz der Muttersubstanz folgt. Da viele dieser 'Elemente' sich chemisch nicht trennen ließen, blieb ihr Platz im Periodischen System zunächst unklar. Bald fand man jedoch heraus, dass fast jeder Platz (griech.: topos) von mehreren Isotopen desselben Elements besetzt ist, Nukliden mit gleicher Anzahl von Elektronen aber verschiedener relativer Atommasse. Beim α-Zerfall rückt das Folgeprodukt im Periodischen System um zwei Plätze nach links, beim β-Zerfall um einen nach rechts (Soddy und Fajans 1912). Die Reihen enden mit je einem stabilen, d.h. nicht radioaktiven Bleiisotop.

Auch bei den (leichteren) Elementen ohne natürliche Radioaktivität tritt Isotopie auf. So erhielt Thomson bei seiner q/m-Bestimmung von Neon neben einem Wert für $A_r = 20$ einen zweiten, den er fälschlich einer Neonverbindung zuschrieb. Sein Mitarbeiter Aston identifizierte ihn jedoch mit seinem Massenspektrograph als zum Neonisotop mit $A_r = 22$ gehörig. Die unganzzahligen Atommassen der Elemente sind gewichtete Mittelwerte der relativen Atommassen des auf der Erde vorkommenden Isotopengemischs.

Daneben machte man sich auch Gedanken über die Natur der 'Becquerelstrahlung', die nicht homogen zu sein schien. J.J.Thomson untersuchte sie - ebenso wie die X-Strahlung - über die von ihr hervorgerufene Ionisation von Gasen. Sein damaliger Schüler Rutherford schloss aus seinen Versuchen 1899 auf eine stark ionisierende Komponente kurzer Reichweite, die bereits von Papier absorbiert wird, und eine schwach ionisierende Komponente längerer Reichweite; er nannte sie α- bzw. β-Strahlung. (Die γ-Komponente wurde 1900 von Villard nachgewiesen). Die β-Strahlen wurden 1899 durch Giesel und andere im Magnetfeld abgelenkt. Dabei erhielt Becquerel 1900 ein kontinuierliches Energiespektrum, und die Curies wiesen die negative Ladung der β-Teilchen nach. Man war sich bald darüber einig, dass man es bei ihnen mit Elektronen wie bei den Kathodenstrahlen zu tun hatte.

Die α-Strahlen ließen sich im Magnetfeld weit weniger ablenken. Dies gelang 1903 Rutherford, der schon damals an *positiv geladene Korpuskeln atomaren Ausmaßes* glaubte; und zwar Wasserstoff- oder Heliumionen, da radioaktive Substanzen beim Erhitzen Helium emittieren. Erst als Regener gezeigt hatte, dass jedes α-Teilchen auf einem Fluoreszenzschirm einen Lichtblitz hervorruft (Szintillation; Crookes, Elster u. Geitel 1903), machte die Identifizierung der α-Teilchen als Heliumionen Fortschritte: 1908 Nachweis mittels Thomsons Parabelmethode (s.S.95), Messungen von Rutherford und Geiger, und 1909 Rutherfords und Royds direkter spektroskopischer Nachweis. Die für die Strahler charakteristische Reichweite der α-Teilchen (Bragg und Kleemann 1904) hatte schon früher eine zusätzliche Möglichkeit zur Identifizierung von radioaktiven Isotopen eröffnet.

In der Folgezeit wurden α-Teilchen bevorzugt als Projektile zum Beschuss von nicht radioaktiven Atomen verwendet. Dabei gelang 1919 Rutherford die erste künstliche Elementumwandlung von Stickstoff über ein Fluorisotop in Sauerstoff. (Auf dieselbe Weise erzeugte radioaktive Nuklide beobachtete 1934 als erster F. Joliot, der sie mit Irène Joliot-Curie im weiteren untersuchte (künstliche Radioaktivität, s.S.103). Aufsehen erregten die Streuversuche mit α-Teilchen von Geiger und Marsden 1909 und 1911.
Die größte Bedeutung der Entdeckung der Radioaktivität liegt im Rutherfordschen Atommodell. Mit ihm fand 1911 dieses erste Kapitel der Kernphysik seinen Abschluß. So erfüllte sich die Voraussage von Rutherford und Soddy aus dem Jahre 1902: *Wir können vorläufig nichts über den Mechanismus der Umwandlung aussagen, aber - was auch immer schließlich der endgültig eingenommene Standpunkt sein wird - es scheint die Hoffnung berechtigt zu sein, daß die Radioaktivität uns das Mittel liefert, Kenntnisse über die sich innerhalb des Atoms abspielenden Prozesse zu erlangen.*

Abb. 20: Henry Becquerel    Abb. 21: Marie Curie

Abb. 22: Pierre Curie    Abb. 23: Ernest Rutherford

9.3 Energie des Strahlers

Zu den ungelösten Problemen der radioaktiven Strahlung gehörte neben der Natur der Strahlung auch der Ursprung der emittierten Energie. Die Curies waren 1902 überzeugt, dass *jedes einzelne Atom eines radioaktiven Stoffes eine permanente Energiequelle darstellt.* Sie hielten zwei *allgemeine Hypothesen* für den Ursprung der Energie für vorstellbar: Entweder *verfügt jedes radioaktive Atom in Form potentieller Energie über die Energie, die es ausstrahlt,* oder das Atom *ist ein Mechanismus, der die von ihm ausgestrahlte Energie in jedem einzelnen Moment von außen in sich verdichtet.*
Im letzteren Fall könne die Energie *von der Wärme der Umgebung stammen, was zu deren Abkühlung führen müßte, aber eine Verletzung des Carnotschen Prinzips darstellen würde.* Auch eine bisher unbekannte Strahlung von außen komme als Erklärung in Frage (nach /9/).
Die abgestrahlte Energie drückt sich besonders in der Erwärmung der Proben aus. Die Curies untersuchten, ob sich die Radioaktivität durch Erwärmen oder Abkühlen der Probe steigern oder senken ließe. Da diese völlig unverändert blieb, war die Herkunft der Energie lange Zeit ein Geheimnis.

Jedoch ließ sich die Menge der freigesetzten Energie ermitteln. Während Rutherford und Soddy diesen Wert theoretisch abschätzten, gelang es P. Curie und seinem Schüler A.Laborde 1903, ihn experimentell zu bestimmen. Sie stellten an einem Stück Radiumsalz eine andauernde Temperaturerhöhung fest: Eine Portion von 1 mol *Radium (225g) würde stündlich 22500 Kalorien entwickeln,* und schlossen daraus, dass *die bei der Umwandlung des Atoms freigesetzte Energie außerordentlich groß sein muß. ...Wenn wir den Ursprung der Wärmeentwicklung in einer inneren Umwandlung suchen, muß diese von einer viel tiefergreifenden Natur sein und einer Umwandlung des Radiumatoms zuzuschreiben sein. Allerdings geht diese Umwandlung ... außerordentlich langsam vor sich. Es zeigen sich nämlich selbst über Jahre hinweg keine wesentlichen Änderungen in den Eigenschaften des Radiums.* Die Annahme einer andauernden Umwandlung des Atoms erschien ihnen aber so unwahrscheinlich, dass sie am Schluß die Herkunft der Energie offen lassen: *Diese Wärmeentwicklung kann auch damit erklärt werden, daß das Radium eine äußere Energie unbekannter Natur nutzt* (/9/).

In seinem Überblick über das neue Forschungsgebiet der Radioaktivität stellt Rutherford 1907 klar: *Die Materie verliert bei jeder Phase der Umwandlung an Atomenergie, und die ausgestrahlte Energie stammt aus der im Innern der Atome aufgespeicherten Energie. ...Die Atomenergie ist für gewöhnlich latent und äußert sich nicht, weil die...Kräfte, die zu unserer Verfügung stehen, uns nicht gestatten, den Bau des Atoms anzugreifen* (/32/).

9.4 Nachweismethoden. Wahrscheinlichkeitsdeutung

1908 nahmen Rutherford und Geiger Zählungen der ausgesandten Alphateilchen vor und konnten aus der Anzahl und der durch Ablenkung bestimmten Energie eines Einzelteilchens die Energieproduktion einer radioaktiven Probe abschätzen. Bis 1908 diente die Szintillationsmethode zum Nachweis der α-Strahlung. Im Cavendish-Laboratorium (Cambridge) zählten Mitarbeiter Rutherfords die Alphateilchen mittels der von jedem auf einem Schirm ausgelösten Lichtblitze. Um ihre Augen an die Dunkelheit zu gewöhnen, brachten sie vorher eine Zeitlang in einem verdunkelten Raum zu. Trotzdem ließ die Konzentration bald nach, so dass sie sich laufend abwechseln mussten. Deshalb bemühte man sich, das Zählverfahren zu mechanisieren.

Die Ionisationskammer ist im Prinzip ein Kondensator. Das einfallende α-Teilchen erzeugt längs seiner Bahn beim Zusammenstoß mit Luftmolekülen Paare von Ionen/Elektronen, die von den Elektroden abgesaugt werden. Die Stärke des dabei fließenden (Sättigungs-)Stromes ist der Zerfallsrate proportional, mit der die Zahl der je Sekunde zerfallenden Atome abnimmt. Den noch unempfindlichen Vorläufer (1908) des späteren Zählrohrs verbesserte Geiger 1913 im Spitzenzähler (Geigerzähler 1913): In einem Metallzylinder befindet sich achsial eine freistehende Spitze, in deren Nähe die Elektronen weitere Atome ionisieren. Die so entstehende ´Lawine´ löst beim Erreichen der Spitze einen Stromstoß aus. Damit, wie auch mit dem späteren Geiger-Müller-Zählrohr (1928), sind auch β-Teilchen sowie einzelne Teilchen nachweisbar. Während des Stromstoßes können weitere Teilchen nicht registriert werden (Totzeit).- Die Zerfallsrate (Aktivität) des radioaktiven Strahlers hängt natürlich auch noch von seiner Stoffmenge ab.

Man hatte bald erkannt, dass sich nicht voraussagen lässt, wann bei einer Messung der nächste Kern zerfällt. Jedoch lässt sich die Wahrscheinlichkeit dafür angeben, dass dies in einer bestimmten Zeitdauer der Fall sein wird. Die Wahrscheinlichkeit hängt nur von dem betreffenden radioaktiven Nuklid ab und ist in gleichlangen Zeitspannen gleichgroß. Den Begriff der Zerfallswahrscheinlichkeit hatte Schweidler 1905 eingeführt. Damit ließ sich das empirisch gefundene Zerfallsgesetz mit den Mitteln der Statistik (d.h. stochastisch) deuten. Das gleiche gelang später Gamow bei der Geiger-Nutallschen Regel von 1911, der Gleichung zwischen der Lebensdauer und der Reichweite bzw. Energie beim α-Zerfall. *Die Physik stieß hier zum ersten Mal auf einen Vorgang, dem kausal nicht beizukommen ist. Bis heute können wir keine Ursache angeben, aus der ein radioaktives Atom jetzt und nicht zu einem anderen Zeitpunkt zerfällt* (M.v.Laue).

10. Masse- und Ladungsverteilung im Atom

10.1 Das Atom als Planetensystem

Mit der Entwicklung klassischer Atommodelle hatte sich auch die Vorstellung gebildet, dass die Elektronen im Atom auch ohne äußeren Anlaß (Energieaufnahme) in Bewegung sein müssten. Man ersetzte deshalb die Abstoßungskräfte zwischen den Elektronen durch Trägheitskräfte auf kreisförmig sich bewegende Elektronen, die gegen die Anziehung zum Mittelpunkt der positiven Ladung wirken. Dabei boten sich Vergleiche mit dem Planetensystem an.

So beschrieb **Perrin** 1901 das Atom als ein Miniatur-Sonnensystem, in dem sich negative 'Elektronen-Planeten' um eine positiv geladene Zentralsonne bewegen. Der Japaner **Nagaoka** stellte 1903 das Atom als einen Kreis von Elektronen um ein schweres Zentrum dar. Er verglich es mit dem Planeten Saturn, dessen Ringe von ihm infolge seiner große Masse angezogen und so in gleichem Abstand gehalten werden. Solche Vergleiche waren naheliegend, weil in beiden Fällen die Anziehungskräfte dem gleichen Abstandsgesetz ($F \sim 1/r^2$) gehorchen, dem Coulombschen bzw. dem Gravitationsgesetz.

Bereits 1901 hatte **J. H. Jeans** (1877-1946) ein spekulatives Modell aus gleichvielen negativen und 'positiven Elektronen' vorgestellt. Er forderte, dass diese in Form von Dipolen auftreten und sich so orientieren, dass sich alle negativen Elektronen an der Oberfläche des Atoms befinden. Da er zum Erhalt der Stabilität zu Nicht-Coulomb-Kräften übergehen musste, konnte er schon Gruppen von Frequenzen (Singuletts, Dubletts) errechnen, die von den Oszillationen der Elektronen um ihre Gleichgewichtslage erzeugt werden sollten. Aber diese stimmten nicht mit den Frequenzen der beobachteten Spektrallinien überein. So ließ deren Erklärung weiterhin auf sich warten.

10.2 'Leere Atome': Lenard und Rutherford

Philipp Lenard (1862-1947; Abb.25) ging an die Frage nach der Verteilung der Masse im Atom über die Absorption von Kathodenstrahlen heran. Bei der Durchstrahlung dünner Metallfolien mit Elektronen stellte er fest, dass ihre Geschwindigkeit kaum, dagegen ihre Zahl stark vermindert wird. Da man sich nicht vorstellen kann, dass eine große Zahl sich geradlinig bewegender Elektronen lauter Lücken zwischen den Atomen durchläuft, vermutete Lenard, die Masse des Atoms müsse auf sehr kleine Zentren innerhalb des Atoms verteilt sein, mit großen leeren Zwischenräumen.

Da die Absorption nur von der Dichte des Stoffes abhängt, ist die Masse des Atoms für die Absorption der Elektronen maßgeblich. Die Zentren beschreibt Lenard als kugelförmige Gebilde aus Paaren negativer und positiver Ladung, die frei in der Atomkugel schweben. Auf diese Dynamiden (*'Doppelpunkte'*) sei die Masse des Atoms beschränkt; der Rest ist praktisch leer, aber erfüllt von Kraftfeldern, in denen die Strahlelektronen abgelenkt werden. Mit steigender Geschwindigkeit wird der Querschnitt einer gedachten Kreisfläche um die Zentren, innerhalb welcher ablenkende Kräfte wirksam werden (Wirkungsquerschnitt; vergleichbar mit einer Zielscheibe) viel kleiner, als er bei Gasatomen für Stöße untereinander gemessen wurde. *Hieraus folgt als von Lenard bereits 1903 quantitativ erhaltenes Ergebnis: Die Ausdehnung der positiven Ladung muss weit unterhalb des Atomradius liegen* /13/.

Abgesehen von der Stabilität der Dynamiden - sie sollte durch sehr schnelle Umdrehungen (10^{20}/s) zustande kommen - trug das Modell zur Deutung chemischer und spektroskopischer Eigenschaften des Atoms nichts bei; dies blieb so bis 1908/09. Während dieser Jahre nahm Lenard keine Erweiterung seines Modells zur Lösung dieser Fragen vor, und das Interesse an Absorptionsmessungen von Strahlung durch Materie konzentrierte sich noch nicht auf die Erforschung des Atominnern. Vor allem stand man dem Dynamidenmodell kritisch gegenüber: Die Ablenkung der Strahlelektronen könnte ja auch durch die im Atom vorhandenen Elektronen verursacht werden.

Ernest Rutherford (1871-1937; Abb.23) untersuchte ab 1907 den Durchgang energiereicher α-Strahlen u.a. durch dünne Goldfolien. Bei den Versuchen seiner Mitarbeiter **Geiger** und **Marsden** entdeckten diese 1909 einige wenige α-Teilchen, die sogar rückwärts gestreut wurden. Rutherford meinte dazu: *Es war fast so unglaublich, als wenn eine Granate auf einen zurückkäme, die man auf ein Stück Seidenpapier geschossen hätte.* Nach Herleitung der Gleichung für die Ablenkung (Rutherfordsche Streuformel) und noch genaueren Messungen kamen beide zusammen mit Rutherford 1911 zu dem Ergebnis, dass das Atom *aus einer zentralen punktförmig konzentrierten elektrischen Ladung besteht, die von einer gleichförmigen sphärischen Ladungsverteilung des entgegengesetzten Vorzeichens umgeben ist.* Damit war der Begriff des Atomkerns (nucleus, lat.: Kern) geboren.

Mit der Entdeckung des Atomkerns war die Möglichkeit gegeben, eine Zweiteilung der Äußerungen des Atoms, also der Stoffeigenschaften vorzunehmen. Aggregatzustand, chemisches Verhalten konnten mit der aus Elektronen bestehenden Hülle des Atoms in Zusammenhang gebracht werden, die Radioaktivität mit dem Atomkern (F.Hund).

10.3 Positiver Kern und negative Hülle

Wegen der elektrischen Neutralität des Atoms muss die positive Ladung des Kerns durch eine ebenso große negative Ladung im Atom kompensiert werden. Nimmt man dafür Elektronen an, die um den Kern kreisen, so müssten diese infolge der dabei emittierten elektromagnetischen Strahlung auf einer spiralförmigen Bahn in kürzester Zeit auf den Kern stürzen. Deshalb glaubte Rutherford an eine Hülle aus homogen verteilter negativer Ladung, und damit nicht an ein 'Planetenmodell' des Atoms (s. seine zeichnerische Darstellung des Atoms in /14/). Erst der Durchbruch des Bohrschen Modells, das diese Schwierigkeit überwand, führte zwangsläufig auch zur Anerkennung des Atomkerns unter den Physikern.

Während das Atommodell von Thomson noch eine Erklärung auf rein klassischer Grundlage gab, stand das ... Modell Rutherfords in deutlichem Widerspruch zur klassischen Physik. Wenn man dieses Modell als eine unmittelbare Konsequenz der Beobachtung akzeptierte, war man gezwungen, nach völlig neuen Grundgesetzen für das Atom zu suchen (/24/).-

1886 hatte Goldstein Strahlen entdeckt, die durch die Durchbohrung der Kathode einer Gasentladungsröhre austreten (Kanalstrahlen). 1898 konnte **Wilhelm Wien** (1864-1928) sie als positiv geladene Teilchen nachweisen und ihre Geschwindigkeit bestimmen. In einer Anordnung von elektrischen und magnetischen Feldern ließ sich das Gemisch nach den Massen der Teilchen trennen. Sie erwiesen sich als Ionen von Elementen im Gasraum. Ihre spezifische Ladung (q/m) wurde 1907 von Thomson gemessen.

Danach ist die elektrische Ladung q der Atomkerne - sie wurde 1920 von Chadwick direkt bestimmt - ein ganzzahliges Vielfaches der positiven Elementarladung (e): Wasserstoffkern (H^+; Proton) $q = 1e$, Heliumkern (He^{++}) $q = 2e$ usw. Die Anzahl der Elementarladungen im Kern (Kernladungszahl) stimmt mit der Anzahl der Elektronen in der Hülle überein. Jedoch ergäben so wenige Protonen als Kern nur etwa die Hälfte der gemessenen Masse (Chadwick 1912). Man nahm deshalb lange Zeit an, dass zusätzliche Elektronen im Kern die überschüssige positive Ladung kompensieren.

Nach Verbesserung einiger Plätze im Periodischen System nummerierte 1913 v.d.Broek alle Elemente laufend mit einer Ordnungszahl (Z), die mit der Kernladungszahl übereinstimmt. Dies wurde kurz danach von **H. G. Moseley** (1887-1914) durch Messungen von Röntgenspektren bestätigt. *Damit trat an die Stelle der relativen Atommasse die 'Atomnummer' Z als ordnendes Prinzip der Elemente, wodurch das Periodensystem seine endgültige Form erhielt.*

11. Strahlung und ihre Quanten

11.1 Die Bedeutung der Spektroskopie

Seit der Entdeckung der Spektralanalyse konnte kein Kundiger zweifeln, daß das Problem des Atoms gelöst sein würde, wenn man gelernt hätte, die Sprache der Spektren zu verstehen, schreibt **A. Sommerfeld** im Vorwort zu „Atombau und Spektrallinien" (1.Aufl. 1919). Von den drei Anforderungen an ein leistungsfähiges Atommodell, der Erklärung der Stabilität, des periodischen Systems und der Lichtaussendung, war letztere bei den bisher beschriebenen Atommodellen weitgehend offen geblieben. Nachdem J.J. Thomson auch diese Eigenschaft mit rotierenden statt ruhenden Elektronen begründete - (zwar mit Abstrichen an der Stabilität, aber Erklärung der Radioaktivität), wurde sein Modell lange Zeit von den Physikern favorisiert.

Gleichzeitig mit der Bestätigung der Wellentheorie des Lichts (Beugung und Interferenz; Polarisation) machte die spektroskopische Untersuchung leuchtender Körper mit Beginn des 19. Jahrhunderts Fortschritte. **Joseph Fraunhofer** (1787-1826) beobachtete im Sonnenspektrum 576 Linien, unterbrochen von einigen dunklen Stellen (A, B, C, D,...). Diese werden durch Elemente in der Sonnenoberfläche absorbiert, die ihrerseits in derjenigen Farbe leuchten, die im Sonnenspektrum fehlt, z.B. bei D durch Natrium (Umkehr der Na-D-Linie).

Er verwendete bereits Beugungsgitter (300 Striche je cm). Mit Erhöhung der Strichanzahl (feinere Teilmaschinen; Reflexionsgitter von Rowland) steigerte sich das Auflösungsvermögen der Gitterspektroskope so, dass z.B.die gelbe Na-D-Linie sich in zwei Linien trennen ließ. Die feinsten Messungen z.B. des Eisenspektrums wurden um 1900 von Kayser und Konen in Bonn durchgeführt und die Spektren in einem Atlas veröffentlicht.

Bereits 1859/60 hatten **Gustaf Robert Kirchhoff** (1824-1887) und **Robert Bunsen** in der Spektralanalyse die eindeutige Zuordnung eines Elements zu seinem Spektrum festgestellt, wodurch die Elemente auf der Sonne bestimmt und bisher unbekannte Elemente auf der Erde entdeckt wurden. Die in der Struktur des Atoms begründete Entstehung der einzelnen Linien ließ sich jedoch erst im 20. Jahrhundert erklären. Für die Serie der sichtbaren Linien des Wasserstoffatoms stellte Balmer 1885 eine Gleichung der Wellenlängen auf, die von Rydberg 1890 durch die Serienformel auch für erst später entdeckte Serien erweitert wurde. *Diese Forschungsrichtung entwickelte sich zur Quantentheorie des Atombaus; sie brachte die Kenntnis des Aufbaus der Elektronensphäre und ihrer Veränderungen* (W.Gerlach).

11.2 Die Gesetze der Wärmestrahlung

Während das Emissionsvermögen und der Absorptionsgrad einer Körperoberfläche auch von deren Materialeigenschaften abhängt, ist ihr Quotient bei gegebener Temperatur für alle Körper gleichgroß und gleich dem Emissionsvermögen des (idealisierten) schwarzen Körpers bei dieser Temperatur (Kirchhoffsches Strahlungsgesetz). Für einen solchen Körper, der jegliche empfangene Strahlung vollständig absorbiert, gilt auch das Wiensche Verschiebungsgesetz von 1893, dass die Wellenlänge beim Maximum der spektralen Strahldichte der Temperatur des Strahlers umgekehrt proportional ist.
Die Unabhängigkeit von äußeren Bedingungen wurde bestätigt, nachdem **Lummer** 1895 einen schwarzen Körper realisiert hatte. Dies ist ein dünnwandiges Metallgefäß mit innen verspiegelten Wänden, das in einem Wasserbad erhitzt wird. Aus einer kleinen Öffnung dieses Hohlraums - die völlig schwarz erscheint - tritt die rote bis ultrarote Hohlraumstrahlung. Dass die über aller Wellenlängen integrierte spektrale Strahldichte (spezifische Ausstrahlung) in den Halbraum der vierten Potenz der absoluten Strahlertemperatur proportional ist, hatten schon **J. Stefan** 1878 experimentell und **Ludwig Boltzmann** (1844-1906) 1884 theoretisch nachgewiesen).

Wie diese von der Oberflächeneinheit des Strahlers in einen Raumwinkel emittierte Strahlungsleistung innerhalb eines Frequenzbereichs von der Temperatur des Schwarzen Strahlers abhängt, geben drei weitere Strahlungsgesetze (1893-1900) an. Fußend auf dem Stefan-Boltzmannschen Gesetz und seinem Verschiebungsgesetz gelangte **Wilhelm Wien** (1864-1928) zu einem Gesetz für den ultravioletten Bereich des Spektrums. Erst auf die genauen Messungen von **Paschen** hin gab er 1896 dieses Wiensche Strahlungsgesetz bekannt. Dagegen gilt das Rayleigh-Jeanssche Strahlungsgesetz ausschließlich für den ultraroten Spektralbereich (**J. W. S. Rayleigh** 1900). Aber weder seine noch die Wiensche Formel konnte den Verlauf der spektralen Strahldichte im sichbaren Spektralbereich richtig wiedergeben. Diese Lücke galt es durch ein für die schwarze Strahlung allgemein gültiges Strahlungsgesetz zu schließen.
Eine solche Formel, die die beiden anderen als Grenzfälle für kurze bzw. lange Wellen enthält, gab **Max Planck** (1858-1947) im Oktober 1900 bekannt. Diese *quasi durch Interpolation* gewonnene Plancksche Strahlungsformel gibt die Abhängigkeit der spektralen Strahldichte von der Temperatur des schwarzen Körpers in allen Wellenlängenbereichen richtig wieder. *Es handelt sich dabei nicht um einen genialen Griff aus dem Stegreif heraus, sondern um den Abschluß einer sorgfältigen langjährigen Analyse der thermodynamischen Verhältnisse* (B.G.Casimir).

11.3 Die Geburt der Quantenphysik

Schon 1899 hatte Planck zur Herleitung des Wienschen Strahlungsgesetzes die Thermodynamik benutzt, eines der am weitesten entwickelten Gebiete der damaligen theoretischen Physik. Er dachte sich den Strahlerhohlraum mit idealisierten Hertzschen Oszillatoren angefüllt, die mit ihrer Eigenfrequenz Strahlungsenergie abgeben und aufnehmen. Um nun die eigene Strahlungsformel zu begründen, schreibt Planck, *war ich zu jedem Opfer an meinen bisherigen physikalischen Überzeugungen bereit*; denn *eine theoretische Deutung mußte ... um jeden Preis gefunden werden, wäre er auch noch so hoch.* Dieser Preis war in seinen Augen der Verzicht auf die ihm liebgewordene rein axiomatisch-thermodynamische Auffassung zugunsten der atomistisch-wahrscheinlichkeitstheoretischen Auffassung, wie sie Boltzmann entwickelt hatte.

Damit die daraus hergeleitete Strahlungsformel mit seiner durch Interpolation gefundenen identisch wurde, musste Planck fordern, dass die Energie der Oszillatoren nur solche Werte annehmen kann, die ganzzahlige Vielfache von $h\nu$ sind, wo ν die Frequenz eines Oszillators und h eine Konstante ist. Der Wert $h\nu = \varepsilon$ wird als ein Energiequant bezeichnet. Die Naturkonstante h heißt elementares (oder Plancksches) Wirkungsquantum: $h = 6{,}625 \cdot 10^{-34}$Js. Der harmonische Oszillator hat nur diskrete Schwingungsenergien mit den Werten $E_n = \varepsilon/2 + (n-1)\varepsilon$ mit $n = 1, 2, 3,..$ Dies trug Planck am 14.Dez.1900 in der Deutschen Physikalischen Gesellschaft in Berlin vor.

Dass Planck bei seinen Überlegungen auch noch die Energie der Oszillatoren in einem *Akt der Verzweiflung* in diskrete, atomistische Portionen einteilen musste, war für ihn *eine rein formale Annahme*, da er *unter allen Umständen ... ein positives Resultat herbeiführen* wollte /15/.
1905 zeigte Einstein mit seiner Lichtquantenhypothese, was dies physikalisch wirklich bedeutet. Eine Erklärung konnte erst 25 Jahre später durch die Quantenmechanik gegeben werden.
Plancks hv-Ansatz für die Energie war nicht mehr Fortbildung der bisherigen Physik, sondern Umwälzung. Wie tief sie ging, wie notwendig sie aber auch war, haben die folgenden Jahrzehnte immer deutlicher gezeigt. Mit Hilfe der Quantenidee nämlich konnte man zu einem der Physik bis dahin verschlossenen Verständnis aller Atomvorgänge vordringen. (M.v.Laue)

Abb. 24: Max Planck

11.4 Der lichtelektrische Effekt

Hertz hatte 1887 festgestellt, dass in einer elektrischen Funkenstrecke durch Bestrahlung mit ultraviolettem Licht die Funkenzahl gesteigert wird. Hallwachs beobachtete 1888, dass eine negativ geladene Metallplatte sich entlädt, wenn sie mit UV-Licht bestrahlt wird, während nach positiver Aufladung keine Entladung stattfindet. Lenard (Abb.25) wiederholte den Versuch im Vakuum und zeigte 1899, dass die aus der 'Photokathode' austretenden Teilchen dieselbe spezifische Ladung (e/m) haben wie die Elektronen der Kathodenstrahlen. Die Photoelektronen werden durch die Strahlung aus dem Kathodenmetall abgelöst: (äußerer) lichtelektrischer oder Photoeffekt.

Bei seinen Messungen ab 1902 bestrahlte Lenard einen Metallsplitter im Mittelpunkt einer metallisierten Hohlkugel, die als Gegenelektrode ('Auffänger') zum bestrahlten Metall diente. Bei Bestrahlung fließt selbst bei einer Gegenspannung (U_g) zwischen beiden noch ein schwacher Strom. Dies bedeutet, dass einige schnelle Elektronen das verzögernde Gegenfeld überwinden können. Wird bei Steigerung von U_g schließlich der Photostrom null, so kehren selbst die beim Austreten schnellsten Elektronen (v_{max}) vor Erreichen des Auffängers um; dann gilt: $e(U_g)_{I=0} = mv_{max}^2/2 = E_{kinmax}$.
Allerdings hatte man erwartet, dass die Geschwindigkeit und damit die kinetische Energie der Elektronen beim Austritt aus dem Metall mit der Intensität der auffallenden Strahlung, d.h. mit der Energiestromdichte der elektromagnetischen Lichtwellen zunimmt. Anstatt dessen nimmt die maximale Elektronenenergie mit der Frequenz des monochromatischen Lichtes zu, während unterhalb einer vom Kathodenmaterial abhängigen Grenzfrequenz überhaupt kein Photoeffekt auftritt; beides Erscheinungen, die mit den Gesetzen der damaligen (klassischen) Physik nicht zu erklären waren.

Abb. 25: Philipp Lenard   Abb. 26: Albert Einstein

11.5 Lichtquanten

Indem **Albert Einstein** (1879-1955; Abb.32) das Plancksche Quantenkonzept auf den Photoeffekt anwendete, tat er den entscheidenden zweiten Schritt in der Entwicklung der Quantentheorie. In einem seiner bedeutenden Aufsätze von 1905 - „*Über einen die Erzeugung und Verwandlung des Lichts betreffenden heuristischen Gesichtspunkt*" (s.S.60) - erweiterte er Plancks Quantenansatz zur Hypothese der Lichtquanten. Das wesentliche Ergebnis war die Feststellung: *Monochromatische Strahlung...*(im Bereich des Wienschen Strahlungsgesetzes) *verhält sich...so, wie wenn sie aus voneinander unabhängigen Energiequanten von der Größe* ($h\nu$) *bestünde* /15/.

Beim Elementarvorgang löst jeweils <u>ein</u> Lichtquant <u>ein</u> Elektron aus dem Metall heraus (Quantenausbeute rund 1:1000). Mit seiner Energie löst das Quant zunächst das Elektron aus dem Metallverband (Ablösearbeit). Tritt es aus der Metalloberfläche aus, so nimmt es den Rest der Quantenenergie in Form kinetischer Energie mit. Sie ist maximal für Elektronen mit minimaler Ablösearbeit (<u>Austrittsarbeit</u> W_A des Metalls). Nach dem Energieerhaltungssatz gilt die <u>lichtelektrische Gleichung</u> $h\nu = E_{kinmax} + W_A = \dfrac{m_e}{2} v_{max}^2 + W_A$.

Planck beschränkte die Anwendung des Quantenkonzepts auf den Vorgang der Emission bzw. Absorption. Für die Strahlung selbst gelte das in hundert Jahren gefestigte Wellenmodell. Er stand deshalb der Einsteinschen Hypothese ablehnend gegenüber und schreibt noch 1913 im Wahlantrag für die Aufnahme Einsteins als ordentliches Mitglied in die Preußische Akademie der Wissenschaften: *Daß er in einigen Spekulationen gelegentlich auch einmal über das Ziel hinausgeschossen haben mag, wie z.B. in seiner Hypothese der Lichtquanten, wird man ihm nicht allzusehr anrechnen dürfen.* Präzisionsmessungen (Millikan 1912-1916) bestätigten die lichtelektrische Gleichung: Die maximale Gegenspannung steigt linear mit der Frequenz; die zugehörigen Geraden haben unabhängig vom bestrahlten Metall alle die gleiche Steigung h/e. Damit war man von Einsteins Lichtquanten (*Photonen*, Lewis 1926) überzeugt. Mit der Annahme von Lichtquanten wurde die Ausbreitung von Wellen durch den Äther geleugnet; *damit wurde auch der Äther selbst, den die bisherige Physik brauchte, eliminiert* (/17/).

Der Stand der Atommodelle und das Verständnis des Periodischen Systems war, als Bohr 1913 eingriff, folgender. Ein Atom der Ordnungszahl Z im Periodensystem besitzt Z positive Elementarladungen im Kern und darumherum Z Elektronen. Diese sind in Form konzentrischer Ringe oder Schalen angeordnet (J.J.Thomson 1911). Die hypothetischen Elektronen im Kern (s. S. 52) behielt man bis zum Nachweis des Neutrons (1932) bei.

6. Über einen die Erzeugung und Verwandlung des Lichtes betreffenden heuristischen Gesichtspunkt; von A. Einstein.

Zwischen den theoretischen Vorstellungen, welche sich die Physiker über die Gase und andere ponderable Körper gebildet haben, und der Maxwellschen Theorie der elektromagnetischen Prozesse im sogenannten leeren Raume besteht ein tiefgreifender formaler Unterschied. Während wir uns nämlich den Zustand eines Körpers durch die Lagen und Geschwindigkeiten einer zwar sehr großen, jedoch endlichen Anzahl von Atomen und Elektronen für vollkommen bestimmt ansehen, bedienen wir uns zur Bestimmung des elektromagnetischen Zustandes eines Raumes kontinuierlicher räumlicher Funktionen, so daß also eine endliche Anzahl von Größen nicht als genügend anzusehen ist zur vollständigen Festlegung des elektromagnetischen Zustandes eines Raumes. Nach der Maxwellschen Theorie ist bei allen rein elektromagnetischen Erscheinungen, also auch beim Licht, die Energie als kontinuierliche Raumfunktion aufzufassen, während die Energie eines ponderabeln Körpers nach der gegenwärtigen Auffassung der Physiker als eine über die Atome und Elektronen erstreckte Summe darzustellen ist. Die Energie eines ponderabeln Körpers kann nicht in beliebig viele, beliebig kleine Teile zerfallen, während sich die Energie eines von einer punktförmigen Lichtquelle ausgesandten Lichtstrahles nach der Maxwellschen Theorie (oder allgemeiner nach jeder Undulationstheorie) des Lichtes auf ein stets wachsendes Volumen sich kontinuierlich verteilt.

Die mit kontinuierlichen Raumfunktionen operierende Undulationstheorie des Lichtes hat sich zur Darstellung der rein optischen Phänomene vortrefflich bewährt und wird wohl nie durch eine andere Theorie ersetzt werden. Es ist jedoch im Auge zu behalten, daß sich die optischen Beobachtungen auf zeitliche Mittelwerte, nicht aber auf Momentanwerte beziehen, und es ist trotz der vollständigen Bestätigung der Theorie der Beugung, Reflexion, Brechung, Dispersion etc. durch das Experiment wohl denkbar, daß die mit kontinuierlichen Raumfunktionen operierende Theorie des Lichtes zu Widersprüchen mit der Erfahrung führt, wenn man sie auf die Erscheinungen der Lichterzeugung und Lichtverwandlung anwendet.

Es scheint mir nun in der Tat, daß die Beobachtungen über die „schwarze Strahlung", Photolumineszenz, die Erzeugung von Kathodenstrahlen durch ultraviolettes Licht und andere die Erzeugung bez. Verwandlung des Lichtes betreffende Erscheinungsgruppen besser verständlich erscheinen unter der Annahme, daß die Energie des Lichtes diskontinuierlich im Raume verteilt sei. Nach der hier ins Auge zu fassenden Annahme ist bei Ausbreitung eines von einem Punkte ausgehenden Lichtstrahles die Energie nicht kontinuierlich auf größer und größer werdende Räume verteilt, sondern es besteht dieselbe aus einer endlichen Zahl von in Raumpunkten lokalisierten Energiequanten, welche sich bewegen, ohne sich zu teilen und nur als Ganze absorbiert und erzeugt werden können.

	Radioaktivität	Spektren	Atommodelle
1890		RYDBERG: Formel für H-Serien	
1893	ELSTER, GEITEL: Vakuumfotozelle	WIEN: Verschiebungsgesetz	LENARD: Lenardfenster
1894		BOLTZMANN: Theorie des T^4 - Gesetzes (STEFAN 1878)	(ab)J.THOMSON: Messung von e WICHERT: Abschätzung von e/m
1895	RAMSEY: Helium auf der Erde	RÖNTGEN: X-Strahlen	
1896	BECQUEREL: radioakt. Uransalze	WIENsches Strahlungsgesetz	LORENTZ: Voraussage und Erklärung des 'normalen' Zeemaneffekts
1897	M.CURIE: Polonium; Radium,	ZEEMAN: Aufspaltung der Linien im Magnetfeld	
1898	RUTHERFORD: α-, β-Strahlen	LUMMER: Schwarzer Körper	J. J. THOMSON: e/m (gekr. Felder)
1899	ELSTER, GEITEL: Exponentielles Abklingen der Radioaktivität	RALEIGH-JEANSsches Strahlungsgesetz	J. J. THOMSON, LENARD: e/m der Fotoelektronen
1900	WIEN: q/m von Kanalstrahlen VILLARD: γ-Strahlen	PLANCKsches Strahlungsgesetz PLANCK: Quantentheorie	bis1910: KAUFMANN, BUCHERER: e/m.-- 1909/10: e/m = f(v)
1901			WEBER; PERRIN; NAGAOKA: Planetarische Modelle
1902	M. u. P. CURIE: Herkunft der Energie der radioaktiven Strahlung	LENARD: Quantitative Untersuchungen zum Photoeffekt	LORD KELVIN: Aepinusmodell LENARD:Masse-/Ladungsverteil'g
1903	P.CURIE: Halbwertszeit		LENARD: Dynamidenmodell
1904	bis 1909: α-Teilchen = Heliumion		J.J.THOMSON: 'Zwiebelmodell'
1905	SCHWEIDLER: Zerfallswahrscheinlichkeit	EINSTEIN: Lichtquantenhypothese [Brownsche Bewgung].	
1907	O.Hahn: Radiothor, Mesothor		

11.6 J. Stark und seine Atomdynamik

Neben Berlin (Planck, v.Laue, Einstein) und München (Sommerfeld, Debye) entwickelte sich die Göttinger Universität zu einer weiteren Hochburg der Quantenphysik. Außer der Mathematik (Gauß, Hilbert) hatte auch die Physik seit W. Weber einen guten Ruf. Hier fanden sich Millikan, Lyman, und Hansen (der Bohr 1913 auf die Spektralgesetze aufmerksam machte) zu Studien ein. Zeitweise arbeiteten hier Ritz sowie v.Laue, und **Johannes Stark** (1874-1957) begann hier 1900 seine lebhafte wissenschaftliche Tätigkeit. Dabei entdeckte er 1905 den Dopplereffekt an Kanalstrahlen.

Nach der Entdeckung der Aufspaltung von Spektrallinien im magnetischen Feld (Zeemaneffekt 1896) lag es nahe, nach dem entsprechenden Effekt im elektrischen Feld zu suchen. Hierzu wurde Stark durch W.Voigt (Professor für theoretische Physik; Nachfolger: Max Born) 1906 angeregt. Aber erst nach seiner Berufung nach Aachen konnte Stark die experimentelle Durchführung 1913 in Angriff nehmen. Der Nachweis gelang ihm noch im Oktober desselben Jahres an Kanalstrahlen in einer Mischung von Wasserstoff und Helium. Er schreibt darüber: *Ich gewahrte an der Stelle der blauen Wasserstofflinie mehrere Linien, während die benachbarten Heliumlinien einfach erschienen* (Stark-Effekt).

Seit 1907 wies Stark als einer der ersten auf die *fundamentale Bedeutung des Planckschen Elementargesetzes* hin. Dieses wendete er 1908, also bereits sechs Jahre vor Franck und Hertz, auf Stoßprozesse zwischen atomaren Gebilden an. Überhaupt untersuchte er Phänomene, von denen er glaubte, dass sie nur mit Hilfe der Quantenhypothese zu erklären seien. Seine daraus entwickelte Atomdynamik enthält neben richtigen Argumenten aber auch zahlreiche Fehlinterpretationen. Dabei hätte sich der Stark-Effekt im Prinzip mit der einige Monate vorher von Bohr veröffentlichten Theorie eines quantenphysikalischen Atommodells verstehen lassen.

Selbst als diese Theorie durch die Sommerfeldschen Erweiterungen immer mehr Anhänger fand, trennte sich Stark nicht von seinen allzu anschaulichen Vorstellungen über den Atomaufbau, was ihn unter den Quantenphysikern zu einem Außenseiter machte. *Im Denken sehr unbefangen, durch gängige Vorstellungen wenig gehemmt, mit starker Phantasie begabt, die über das Begründbare weit hinausgeht, versuchte er die Fragen ... der Spektren und der chemischen Bindung zu lösen. Aber von Starks Valenzlehre (1908) und seinen Prinzipien der Atomdynamik (1910, 1911, 1915) brauchte man nach BOHRS Erfolgen nichts mehr zu lesen* (F.Hund).

11.7 Nicht-klassische Atommodelle 1900-1912

1908 wollte Stark die Valenzlehre auf eine *atomistisch elektrische Basis* stellen. Er schlug ein Atommodell vor, in dessen Innerem sich positive, diskrete Ladungen und zur teilweisen Kompensation die meisten Elektronen aufhalten. Der Rest der Elektronen befinde sich an der Oberfläche ('Erdbeermodell') und sei für die chemische Bindung zuständig. Die lose gebundenen Valenzelektronen - drei Sorten mit verschiedener Bindungsenergie - gäben diese beim Entstehen der Verbindung (Rekombination) in Form von Strahlungsquanten ab, genau nach der Planckschen Formel $E_n = nh\nu$. Wenn Stark auch die Bedeutung dieser Beziehung für die Erklärung der Ionisation und der Bandenspektren von Molekülen erkannte, so war doch bei ihm die Verknüpfung von h mit dem Atom noch sehr unbestimmt. Überhaupt war für die Physiker im ersten Jahrzehnt des 20. Jahrhunderts, selbst für Planck, h eine Größe, die lediglich die Emission und Absorption der Energie in endlichen Beträgen regelt.

Daher auch die Kritik am ersten Versuch, h (quantitativ) auf den Atombau anzuwenden. Angeregt durch die Vermutung W. Wiens, dass das Energieelement *aus einer universellen Eigenschaft der Atome abgeleitet werden kann,* betrachtete **Arthur Haas** (1884-1941) 1910 anstelle der physikalisch formalen Planckschen Resonatoren reale Atome. Zunächst ermittelte er einen Atomradius (a) aus dem Maximum der potentiellen Energie des an der Oberfläche einer positiv geladenen Kugel umlaufenden Elektrons. Damit leitete Haas eine Gleichung her für h in Abhängigkeit von e, m_e (Elektronenmasse) und a, da er die Ausdehnung des Wasserstoffatoms ebenfalls als fundamental ansah. Auch die Konstante der Rydbergformel für die Frequenzen des Wasserstoffatoms führte Haas (bis auf den Faktor 8 richtig) auf die Konstanten h, c (Lichtgeschwindigkeit), e und m_e zurück: *Die ursprünglich rein optische Konstante (h) übernahm so auch die zweite Funktion einer atommechanischen Fundamentalkonstanten* /16/. Damit konnte Haas den Grundzustand des Wasserstoffatoms richtig beschreiben.

Unter dem Einfluss Sommerfelds wurde **Nicholson** auf die Bedeutung des Planckschen Wirkungsquantums aufmerksam und verbesserte damit noch 1912 das Atommodell von Nagaoka zwecks Interpretation von Spektrallinien in der Sonnencorona und in fernen Galaxien.
Sommerfeld stellte 1911 fest: *Manche meinen, das elementare Wirkungsquantum sei irgend eine Folge des atomistischen Baus der Materie; so ist es aber nicht; h ist vielmehr der Schlüssel zum Verständnis des Atoms.* Diesen Schlüssel hat **Niels Bohr** benutzt und damit 1913 das Tor zum Energiestufenmodell des Wasserstoffatoms geöffnet.

12. Atomare Energiezustände

12.1 Linienspektren der Atome

Da man mit dem Atommodell von J. J. Thomson über den Aufbau des Periodischen Systems der Elemente, über Valenzen und sogar über radioaktive Vorgänge brauchbare Aussagen machen konnte, diente es im ersten Jahrzehnt des 20.Jahrhunderts den meisten Physikern als Arbeitshypothese für Untersuchungen der Atomstruktur. Aus seinen q/m-Messungen an Kanalstrahlteilchen (1910) schloss Thomson, dass die Masse fast ausschließlich mit der positiven Ladung zusammenhängt. Die von ihm gegenüber früher viel kleiner geschätzte Elektronenzahl machte neue spektroskopische Überlegungen nötig, denn die Vielfalt der Spektrallinien konnte unmöglich auf Schwingungen der wenigen Elektronen im Atom zurückgeführt werden.

Erst 1906 kam es zu einer Diskussion darüber, wie man mit dem Thomsonschen Modell die Lichtemission erklären könne. Zur mathematischen Behandlung des Problems ersetzte Lord Rayleigh die Zahl der Elektronen durch eine kontinuierliche Verteilung der negativen Ladung auf einer Kugel. Ihre Oszillationen entsprechen den harmonischen Schwingungen der Kugel. Dagegen erhielten Kayser und Runge (1888-1892) sowie Runge und Paschen (1895-1897) für die Linien der Serien (sharp, prinziple, diffuse) vieler Atome eine Formel ähnlich der Rydbergformel für das H-Atom.

Für dessen Balmerserie ergaben sich die Beziehungen: $v(Ba) = v(Ly_m) - v(Ly_n)$ (Lymanserie im UV, 1906). Auch lässt sich die Frequenz jeder Linie als Differenz von 'Frequenztermen' schreiben: $v = F_n - F_m$ (Ritzsches Kombinationsprinzip 1908).

Diese Zusammenhänge entnahmen *die Fachleute der Spektroskopie...schon um 1900* einem Schema der Frequenzen. *Seitdem war das Kombinationsprinzip im praktischen Gebrauch. Als Ansatzpunkt für eine Atomdynamik wurde es erst 1913 von Bohr benutzt* /19/.-Rayleighs Feststellung (1906) hört sich heute wie ein Fingerzeig auf Bohrs Atomtheorie an: *...die im Spektrum beobachteten Frequenzen mögen durchaus keine...Schwingungsfrequenzen im gewöhnlichen Sinne sein, sondern vielmehr einen wesentlichen Teil des ursprünglichen, durch Stabilitätsbedingungen bestimmten Atombaus bilden* (/7/; /15/).

Abb. 27: Niels Bohr

12.2 Bohrs Energiestufenmodell des Wasserstoffatoms

Niels Bohr (1885-1962; Abb.27) war während seines Aufenthalts bei Rutherford klar geworden, dass das von diesem aufgestellte Kern-Hülle-Modell weder die Stabilität noch die Mannigfaltigkeit der Linienspektren erklären konnte. Er bemühte sich um eine Zusammenfassung der in Manchester über den Atombau gesammelten Ideen. Nach dem Besuch des 1. Solvay-Kongresses (Brüssel 1908/09) war er davon überzeugt, dass der Schlüssel zum Verständnis des Atombaus im Planckschen Wirkungsquantum zu suchen sei.

Mit dem Ritzschen Termschema ließen sich die Frequenzen aller bekannter Wasserstofflinien maßstabsgerecht darstellen. Jedoch hielt Bohr die Gesetzmäßigkeiten der Spektren für viel zu kompliziert, um diese bei der Entwicklung seiner Atomtheorie zu berücksichtigen. Erst als er von seinem Kollegen Hansen auf die Serienformeln hingewiesen wurde, - *sobald ich Balmers Formel sah, war alles klar*, erinnert er sich später - bezog er die Seriengesetze mit ein und hat *in weniger als einem Monat die Theorie des Wasserstoffs gefunden* (F.Hund).

Die Überlegungen hierzu bilden den ersten Teil seiner berühmten Arbeit „Über den Aufbau der Atome und Moleküle" ('Trilogie' 1913). Darin verwirft er die Theorie Nicholsons, da sie *nicht fähig zu sein scheint, die bekannten Gesetze von Balmer und Rydberg zu erklären* /20/. Bereits kurz dahinter erhält Bohr durch den Ansatz $h\nu = \Delta E_{mn} = E_n - E_m$ (2.Postulat, Frequenzbedingung) die Frequenzen der Wasserstofflinien in voller Übereinstimmung mit der Serienformel. Aus dem Frequenztermschema wird mittels $hF_n = E_n$ das Energieniveauschema des H-Atoms. Nur wenn das Atom von einem in einen anderen dieser diskreten Energiezustände übergeht, wird ein Photon emittiert bzw. absorbiert. Andere als diese Energieportionen können vom Atom weder abgegeben noch aufgenommen werden.

Erst hinter der Urform des Korrespondenzprinzips folgen die endgültige Formulierung der Quantenbedingung (1.Postulat), - mit der Bohr den strahlungsfreien Umlauf des Elektrons auf bestimmten (Bohrschen) Bahnen erzwang, - sowie Überlegungen zu einer Interpretation mit Hilfe von Begriffen der klassischen Mechanik. Jedoch sollte diese modellhafte Deutung der Quantelung des Drehimpulses nur zeigen, dass es *möglich ist, mit Hilfe von Symbolen der herkömmlichen Mechanik eine sehr einfache Interpretation des Resultats der Rechnung...zu geben,...während offensichtlich nicht von einer mechanischen Begründung der ... Berechnungen die Rede sein kann* /20/. Es handelt sich also nicht um ein ikonisches 'Atommodell', sondern Bohr wollte zeigen, *wie wir das Wasserstoffspektrum erklären können*.

12.3 Der Franck-Hertz-Versuch

12.3.1 Reaktionen auf Bohrs Atomtheorie

Bei der Beurteilung der Bohrschen Theorie waren sich die Physiker, die sich mit Untersuchungen zur Atomstruktur beschäftigten, nicht einig. Insbesondere die von Bohr geforderten Grundannahmen ('Postulate') zur Erklärung der Lichtemission und -absorption durch ein Atom erschienen ihnen unbegründet. Jeans meinte, dass trotz der *überzeugenden Erklärung der Spektrallinien* durch das Bohrsche Modell, *seine Grundlagen ... als Rechtfertigung nur die sehr gewichtige des Erfolges* hätten. Und O. Stern und M. v. Laue leisteten den 'Ütlischwur' (Pauli), die Beschäftigung mit der Physik aufzugeben, wenn an *diesem Bohrschen Unsinn etwas dran wäre* (F.Hund). Niemand ahnte 1913, dass Bohrs radikale Annahme von Energiestufen im Atom bereits ein Jahr später experimentell bestätigt würde.

12.3.2 Stoßionisation und Lichtaussendung

Trotz der Einsteinschen Lichtquantenhypothese (1905) blieb der Zusammenhang des Planckschen Wirkungsquantums mit der Struktur der Oszillatoren noch weitgehend unverstanden. Insbesondere erschien manchem Physiker eine Verbindung der Quantenhypothese von Max Planck (1900) mit den Ergebnissen der Spektroskopie als suspekt. Aber der durch seine Untersuchungen an Kanalstrahlen bekannte J.Stark wendete seit 1907 die Plancksche Theorie auf atomare Stoßprozesse an und folgerte schließlich, *daß durch den Stoß eines bewegten Atom(ion)s mit einem anderen Teilchen nur dann eine ihm eigentümliche Elektronenschwingung angeregt und die ihr entsprechende Serienlinie zur Emission gebracht werden kann, wenn die kinetische Energie...oberhalb eines gewissen, für das betreffende Atom(ion) charakteristischen Schwellenwertes liegt* (/24/).

In Unkenntnis dieser Arbeit - wofür sie sich später entschuldigten - wiesen Franck und Hertz 1911 ebenfalls auf den Zusammenhang zwischen Quantenhypothese und Ionisierungsspannung hin. Im Gegensatz zu Stark soll beim Stoß Elektron-Atom jedoch nicht nur ein Teil, sondern die gesamte, vom Elektron übertragene Energie in Licht umgewandelt werden. **James Franck** (1882-1964) und **Gustav Hertz** (1887-1975), ein Neffe von Heinrich Hertz, hatten sich 1911 im Berliner Physikalischen Institut zusammengetan, um Lenards *Untersuchung der Wechselwirkung zwischen Elektronen und Gasmolekülen weiterzuführen* (/21/).

Franck und Hertz erwogen bereits in ihrer ersten der beiden Veröffentlichungen im Jahr 1914 den Gedanken, *ob das plötzliche Einsetzen der unelastischen Stöße der Elektronen bei einer kritischen Geschwindigkeit sich auch auf andere Weise erklären läßt. In der Tat ist es durchaus möglich, die Resultate durch die Annahme zu deuten, daß das stoßende Elektron seine Energie in Lichtstrahlung der Wellenlänge 253,6 nm umsetzt, sobald seine Energie den entsprechenden Betrag hv erreicht hat, ohne daß dabei eine Ionisation eintreten müßte* (/25/). Kurz danach gelang Franck und Hertz, mit einer vereinfachten Apparatur in einem Quarzrohr die zugehörige Resonanzlinie*) mit λ_{res} = 253,7 nm wie vermutet im UV nachzuweisen. Diese Wellenlänge hatten sie aus der Beziehung $eU_{res} = hc/\lambda_{res}$ errechnet (/26/).

Daraus zogen Franck und Hertz den Schluss, dass es sich wirklich um die Übertragung eines Energiequants auf das Gasatom handelt, das anschliessend die Resonanzlinie emittiert. Dies veranlasste sie aber nicht dazu, die damals verbreitete Ansicht aufzugeben, dass es sich bei den Abständen der Extrema von 4,9 V um die Ionisierungsspannung handele. Sie waren vielmehr der Meinung, es müssten zwei Vorgänge nebeneinander auftreten: Entweder führe der unelastische Stoß zur Ionisation oder zur Anregung der Lichtemission; dabei werde stets die Energie als Ganzes übertragen.

Auch waren offenbar Franck und Hertz nicht davon überrascht, dass ausschließlich die 253,7 nm-Linie emittiert wurde, obwohl das Quecksilberspektrum viele Linien enthält, deren Wellenlängen Spannungen von weniger als 4,9 V entsprechen, z.T. sogar intensivere (/28/). So hielten beide Forscher lange Zeit an ihrer Auffassung fest, dass sie auch mit der neuen Methode Ionisierungsprozesse nachgewiesen hätten, die neben den Emissionsprozessen an Quecksilberatomen ihrer Meinung nach stattfinden.

Die unmittelbarste, von theoretischen Elementen freieste Prüfung der Bohrschen Ideen gestattet die Methode des Elektronenstoßes. Sie ist von Franck und Hertz 1913 begründet worden.- Mit diesem Experiment wurden die letzten Zweifel darüber beseitigt, daß die Spektralterme als Energiestufen angeregter Atome verstanden werden müssen. (A.Sommerfeld)

---

*) In Wirklichkeit ist sie eine Interkombinationslinie zwischen einem S-Zustand (Singulett; einfaches Energieniveau) und einem der P-Zustände (Tripletts; drei benachbarte Energieniveaus) des Hg-Atoms. Solche Übergänge zwischen Zuständen mit verschiedener Multiplizität (hier 1 und 3) sind nach der Theorie verboten, kommen aber bei schweren Atomen vor.

12.3.3 Die Bedeutung für das Energiestufenmodell von Bohr

Während diese Versuche sogleich als bedeutende Stütze der Planckschen Quantenhypothese erkannt wurden, bemerkten Franck und Hertz nicht, dass damit auch Bohrs Modell der Energiestufen im H-Atom bestätigt wurde (/27/). Dabei vermutete Bohr bereits 1915, dass die Versuche von Franck und Hertz *möglicherweise mit der Annahme in Einklang zu bringen sind, daß diese Spannung nur dem Übergang zu irgend einem anderen stationären Zustand des neutralen Atoms entspricht* (/22/). Zunächst aber hielten Franck und Hertz an ihrer Auffassung fest, dass sie auch mit der neuen Methode Ionisierungsprozesse nachgewiesen hätten, die neben den Emissionsprozessen an Quecksilberatomen ihrer Meinung nach stattfinden. Die strenge Trennung beider Prozesse gelang 1917 Davies und Goucher.

Aus späterer Sicht ist klar, dass das Ausstrahlen der Resonanzlinie des einen Atoms nicht ein anderes ionisieren kann. Also muss die gemessene Zunahme des Auffängerstroms, die von Franck und Hertz positiven Ionen aus dem Gasraum zugeschrieben wurde, eine ganz andere Ursache haben. Von den energiereichen Photonen der Quecksilberlinie wird im Auffängermetall ein Photoeffekt (S.5b) hervorgerufen. Durch die austretenden Photoelektronen nimmt das Potential des angeschlossenen Potentiometers zu, wodurch ein Zustrom von positiven Ladungen vorgetäuscht wird. Erst 1919 räumten Franck und Hertz ein, *daß die Bohrsche Atomtheorie sich auch hier ... glänzend bestätigt* (/29/). Demnach haben sie ihre Versuche nicht zwecks Bestätigung des Bohrschen Energiestufenmodells durchgeführt (/30/).

12.4 Wasserstoffähnliche Ionen

Spektren ähnlich dem des H-Atoms zeigen die Ionen He^+, Li^{++},... . Sie haben zwar die doppelte, dreifache, ... Kernladung (Ze) des H-Atoms, besitzen aber wie dieses nur ein Elektron. Die Frequenzen lassen sich durch die Rydbergformel wiedergeben, wenn man den Term Z^2 einfügt. Damit entspricht beim He^+ jedem zweiten Term ein Wasserstoffterm und jeder zweiten Linie der Serie mit $m = 4$ (1897 von Pickering in der Strahlung von Fixsternen entdeckt) eine Linie der Balmerserie. (Die geringen Unterschiede zwischen den Linienpaaren entstehen durch die Relativbewegung von Elektron und Kern um den gemeinsamen Massenmittelpunkt). Die Ähnlichkeit zwischen den Spektren des Atoms $_Z X$ und des Ions $_{Z+1}Y^+$ gilt auch für schwerere Kerne (Sommerfeld und Kossel 1916). Wegen $v \sim Z^2$ wachsen mit der Ordnungszahl die Frequenzen der Ionenlinien bis in das Gebiet der Röntgenstrahlen.

13. Röntgenstrahlen. Innere Elektronen im Atom

13.1 Die Entdeckung der Röntgenstrahlen

Meist wird **Wilhelm Conrad Röntgen** (1845-1923; Abb. 28) als Forscher nur im Zusammenhang mit der Entdeckung der nach ihm benannten Strahlung genannt. Höher als diese schätzte Röntgen selbst eines seiner Experimente sieben Jahre vorher ein. 1888 war es ihm gelungen, das magnetische Feld des in der Maxwellschen Theorie geforderten Verschiebungsstroms experimentell nachzuweisen. Demnach können in einem Dielektrikum verschiebbare Ladungen ebenso magnetisch wirken wie ein Leitungsstrom. Die Entdeckung dieses 'Röntgenstroms' veranlasste Lorentz dazu, das Elektron in die Theorie der elektrischen Leitung einzuführen.

In Würzburg beobachtete Röntgen im November 1895 mit einem von Lenard konstruierten Entladungsrohr eine von der Glaswand der Röhre ausgehende, bisher unbeachtete Strahlung, die er X-Strahlen nannte. Bereits in seiner vorläufigen Mitteilung „Über eine neue Art von Strahlen" (22.12.1895) berichtete er von der Durchdringungsfähigkeit der Strahlen durch Pappe (Verdunkelung der Röhre), Körpergewebe (Hand seiner Frau) und sogar dünne Metallbleche.

Die Strahlung entstammt der 'Antikathode' (= Anode), wenn auf diese energiereiche Elektronen prallen. Je nach der Höhe der Beschleunigungsspannung erhält man eine stärker oder schwächer durchdringende (härtere oder weichere) Röntgenstrahlung. Selbst unter den führenden Forschern war lange umstritten, ob es sich um eine Wellen- oder Korpuskularstrahlung handelt. Auch nach Barklas Polarisationsexperiment (1906) fehlte noch die Beugung von Röntgenstrahlen als 'experimentum crucis'.

Abb. 28: Wilhelm Conrad Röntgen   Abb. 29: Max von Laue

13.2 Die Natur der Röntgenstrahlung

1912 wies **Max von Laue** (1879-1960; Abb. 29) darauf hin, dass die Gitterkonstante von Kristallen mit der Wellenlänge der Röntgenstrahlen vergleichbar sei. Noch im selben Jahr erhielten Friedrich und Knipping bei der Durchstrahlung von Kupfersulphat ein punktförmiges Interferenzmuster. Es erschienen allerdings weniger Interferenzpunkte, als v. Laue nach seiner Theorie erwartet hatte. Die Erklärung hierfür gaben 1914 Duane und Hunt. Sie zeigten, dass es für das Röntgenspektrum eine kurzwellige Grenze gibt, die durch den quantenhaften Bremsprozeß der Elektronen im Anodenmaterial bedingt ist. Dessen Eigenstrahlung ist die charakteristische Röntgenstrahlung, deren Linien aus dem kontinuierlichen Bremsspektrum herausragen.- 1914 folgte die Drehkristallmethode von Bragg (Vater und Sohn). Mit beiden Methoden wurde sowohl die Wellennatur der Röntgenstrahlung nachgewiesen als auch der schon lange vorher vermutete räumlich-periodische Aufbau der Kristalle in Form von Gittern (Hauy) bestätigt.

Die charakteristische Strahlung eines Elements besteht aus Serien mit jeweils wenigen Linien. Für die Frequenz v entsprechender Linien verschiedener Elemente (Ordnungszahl Z) fand Moseley 1913: $\sqrt{v}$ ~ Z. Durch Einfügen des Faktors $(Z-a)^2$ in Rydbergs Serienformel erhielt er eine Gleichung für die Frequenzen aller Linien desselben Elements (Moseleysches Gesetz; a: Abschirmzahl). Damit ähneln die Serien zwar denen des Wasserstoffatoms, ihre Frequenzen und die Energieniveaus sind aber wesentlich höher als beim H-Atom. Moseley beseitigte Unklarheiten im Periodensystem der Elemente und sagte die Elemente Rhenium und Hafnium voraus.

Die scheinbar auf $(Z-a)e$ reduzierte Kernladung führte Kossel 1914/1916 zu folgender Erklärung: Es gibt im Atom stark gebundene, kernnahe Elektronen, die die Kernladung Ze aus der Sicht entfernterer Elektronen um ca $1e$; $9e$;.....;ae;...abschirmen. Das bedeutet eine Anordnung auf inneren Schalen mit maximal 2, 8, 8, 18, 18, 36 Elektronen. Wird eines der beiden Elektronen der (innersten) K-Schale entfernt, so 'fällt' ein Elektron aus einer weiter außen liegenden (L-,M-,N-...)Schale in die Lücke und löst dabei die Linien der K-Serie (K_α, K_β, K_γ, ...) aus; entsprechend wird eine Lücke in der L- bzw. M-Schale aufgefüllt. Zur Entstehung einer Lücke muss das Elektron mindestens in die nächsthöhere, noch nicht voll besetzte Schale 'gehoben' (Anregung) bzw. ganz aus dem Atom entfernt werden (Absorptionskante).- Mit der bekannten Gitterkonstanten des Steinsalzes (Barlow) hatte man ein Maß, über das man Wellenlängen, sowie Gitterkonstanten anderer Kristalle absolut bestimmen konnte (Röntgenspektroskopie).

14. Die Sommerfeldschule

14.1 Grenzen des Bohrschen Atommodells

Der wesentliche Fortschritt des Bohrschen Modells liegt in der Einführung von Energiestufen im Atom. Damit ließ sich aber zunächst nur das Spektrum des H-Atoms und ähnlicher Ionen beschreiben; es gab keine Erklärung der Intensitätsunterschiede der Spektrallinien sowie des zeitlichen Ablaufs der Emission. Besonders das Außerkraftsetzen von Gesetzen der Mechanik und Strahlungslehre war manchem damaligen Physiker suspekt. Bohr bemühte sich, wenigstens die Diskrepanz zwischen klassischer Physik und (damaliger) Quantentheorie zu überbrücken. Für zwei benachbarte Quantenbahnen wird mit steigender Quantenzahl (n) die Energiedifferenz und damit die Frequenz der zugehörigen Linie immer geringer. Bei $n \to \infty$ wird die Strahlungsfrequenz gleich der Umlauffrequenz eines in diesem (großen) Abstand um den Kern kreisenden Elektrons. Diesen Anschluß an die klassische Mechanik verallgemeinerte Bohr zu einer Forderung, an der sich seitdem jede Hypothese aus der Mikrophysik messen lassen muss: Geht man in Gedanken von der mikrophysikalischen Dimension des Modells zu Dimensionen der Makrophysik über, so müssen die mit Hilfe des Modells gewonnenen Aussagen in die in der Makrophysik geltenden Gesetze übergehen (Korrespondenzprinzip).

Arnold Sommerfeld (1868-1951; Abb. 30), vorher Professor für technische Mechanik, erhielt 1906 den Lehrstuhl für theoretische Physik in München. Hier hat er eine *große Zahl junger Talente wie aus dem Boden gestampft* (Einstein; /31/), von denen sieben den Nobelpreis erhielten. Durch Drängen seines Assistenten Peter Debye und die Beratung Einsteins wurde Sommerfeld für das Quantenkonzept gewonnen. Seine Ausführungen auf dem 1. Solvay-Kongress in Brüssel (1911) fanden starke Beachtung. Im zweiten Jahrzehnt errang das Münchener Institut internationale Anerkennung als Hochburg der theoretischen Quantenphysik.

Sommerfeld und seine Mitarbeiter suchten das Bohrsche Modell so zu erweitern, dass es auch Spektren von nicht wasserstoffähnlichen Atomen erklären konnte. Diese zeigen eine Vielzahl von Linien, die sich auch zu Serien zusammenfassen lassen. Die zugehörigen Termschemata bestehen aber aus mehreren Leitern von Energieniveaus, während diese beim H-Atom in einer Leiter zusammenfallen. Um diese Entartung aufzuheben, entwickelte man halbklassische Ergänzungen zum Bohrschen Wasserstoffmodell (Bohr-Sommerfeldsches Atommodell).

14.2 Energieniveaus der Alkaliatome

Die Alkaliatome (in der ersten Spalte des Periodischen Systems) Li, Na, K, Rb, Cs (Francium) besitzen neben abgeschlossenen inneren Schalen in der äußeren Schale ein (Leucht-)Elektron. Auf dieses wirkt statt der Kernladung Ze nur noch die effektive Kernladung $Q_{eff} = Z_{eff}e \approx 1e$, da die Kernladung durch die Z-1 inneren Elektronen bis auf eine Elementarladung elektrostatisch abgeschirmt wird (wasserstoffähnliche Atome im weiteren Sinne). Da aber das Coulombpotential in größerer Entfernung bestehen bleibt, würde beim Umlauf des Leuchtelektrons auf Kreisbahnen die Entartung der n Energieniveaus ebensowenig aufgehoben wie beim H-Atom.

Da für eine Weiterentwicklung des Bohrschen Modells nur periodische Vorgänge in Frage kommen, lag die Idee elliptischer Elektronenbahnen nahe. In einem ersten Schritt ließ Sommerfeld auch Ellipsenbahnen mit dem Kernmittelpunkt als Brennpunkt zu. Zu jeder Ellipsenbahn gehört einmal die Hauptquantenzahl $n = \in \{1, 2, 3, .., n\}$ (Maß für die Länge der großen Halbachse) und eine Nebenquantenzahl $\ell = \in \{0, 1, 2, ..., n-1\}$ für die Exzentrizität (Maß für die Länge der kleinen Halbachse), wo $\ell = 0$ für die kürzeste kleine Halbachse/stärkste Exzentrizität und schließlich $\ell = n-1$ für die Kreisbahn gilt; zu dieser einen (Bohrschen) Bahn kommen also n-1 Ellipsenbahnen mit gleichlangen großen Halbachsen hinzu (Abb. 31). Da aber von deren Länge die Energie einer Ellipsenbahn im Zentralfeld bestimmt wird, treten keine von der Energie auf der Kreisbahn abweichenden Energien auf.

Abb. 30: Arnold Sommerfeld   Abb. 31: Bohr-Sommerfeldsches Modell

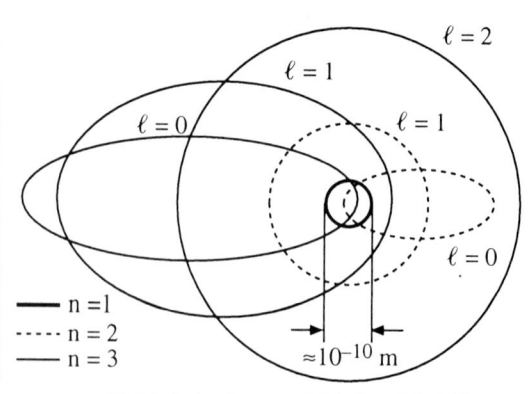

Mit der Einführung von Ellipsenbahnen allein ließ sich demnach die erstrebte Aufspaltung jedes Wasserstoffniveaus in mehrere Energieniveaus nicht erreichen. Die ℓ-Entartung war damit noch nicht beseitigt.

Auf der elliptischen Bahn verändert sich der Abstand Kern-Elektron laufend. Bei einer stark exzentrischen Bahn wächst in Kernnähe die Geschwindigkeit so stark, dass nach der Relativitätstheorie die Masse des Elektrons zunimmt. Auch dringt dabei das Elektron in den Bereich der inneren Elektronen ein ('Tauchbahn'), so dass es sich nicht mehr in einem Coulombpotential, sondern in einem schwächeren effektiven Potential auf einer Rosettenbahn bewegt. Jetzt unterscheiden sich die zur gleichen Hauptquantenzahl n gehörenden Energien voneinander, je nach dem Wert von ℓ.

Dies trifft besonders für ein s-Elektron ($\ell = 0$) zu, das auf seiner schlanken Ellipsenbahn am tiefsten in den abgeschirmten Bereich um den Kern eintaucht. Damit erklärt sich, dass dessen Energieniveaus stärker (gegenüber den entarteten Wasserstoffniveaus gleicher Hauptquantenzahl) erniedrigt sind, als die Niveaus des p-Elektrons ($\ell = 1$), des d-Elektrons ($\ell = 2$), des f-Elektrons ($\ell = 3$), usw. bei gleicher Hauptquantenzahl (Abb. 32). In diesem halbklassischen Bild ist die ℓ-Entartung für die Alkaliatome aufgehoben.

In der Himmelsdynamik unterscheiden sich die Ellipsenbahnen der Planeten durch ihren Bahndrehimpuls, der für jeden Planeten konstant ist (zweites Keplersches Gesetz). Bei den Alkaliatomen ist durch Einführung der zweiten Quantenzahl ℓ auch der Bahndrehimpuls der Sommerfeldschen Ellipsen gequantelt. Man spricht deshalb auch von der Drehimpulsquantenzahl.

Auch hier entstehen die Energieniveaus durch Multiplikation von h mit den Frequenztermen, die die Spektroskopiker in einem Termschema zur Erfassung der gemessenen Linien des Atoms angelegt hatten (s.S.62). Jedoch enthält das dabei entstehende Energieniveauschema jetzt für jeden Wert der Nebenquantenzahl eine eigene Leiter (Abb.32).
Der mathematische Term $E_{n,\ell}$ für die Energie ist wegen $Z_{\text{eff}} \approx 1$ im Zähler ähnlich dem Term der wasserstoffähnlichen Ionen. Im Nenner enthält er jedoch anstelle von n^2 den Ausdruck $(n-\Delta)^2$, wobei der Quantendefekt Δ von ℓ abhängt. Dadurch werden jedoch nur die unteren Niveaus der s- und p-Leiter - gegenüber den H-Niveaus (Abb.33) - stark nach unten verschoben. Dagegen nähern sich die Niveaus derselben Hauptquantenzahl mit zunehmender Nebenquantenzahl immer mehr den entarteten Niveaus des Wasserstoffatoms..

14.3 Das Spektrum der Alkaliatome

Mit Hilfe der nicht mehr entarteten Energieniveaus wurde die größere Vielfalt der Linien gegenüber dem Wasserstoffspektrum erklärbar. Für die Energie eines Lichtquants gilt die Frequenzbedingung: $h\nu = E_n - E_n'$. Allerdings gehört nicht zu jedem Niveaupaar eine Spektrallinie. Es gibt also keine beliebigen optischen Übergänge zwischen zwei Energiezuständen des Atoms, sondern nur solche zwischen zwei Niveaus benachbarter Leitern; d.h. die Nebenquantenzahl muss sich bei der Emission/Absorption um eins ändern: $\Delta\ell = +1$ oder -1 (Auswahlregel).- Für die Spektrallinien gilt das gleiche wie für die beiden zugehörigen Energieniveaus. So unterscheiden sich beim Lithiumatom die Linien der f-Serie kaum von denen der Paschenserie (Übergang von n = 3 zu n = 4, 5, 6,..) des H-Atoms (Abb.32/33).

Die Auswahlregel schränkt die ursprünglich erwartete $(n\cdot\ell)$-fache Vielfalt der Spektrallinien erheblich ein. Dies hatte selbst Einstein zunächst übersehen. Er schreibt 1916 begeistert an Sommerfeld: *Ihre Spektraluntersuchungen gehören zu meinen schönsten physikalischen Erlebnissen. Durch sie wird Bohrs Idee erst vollends überzeugend* (/31/).

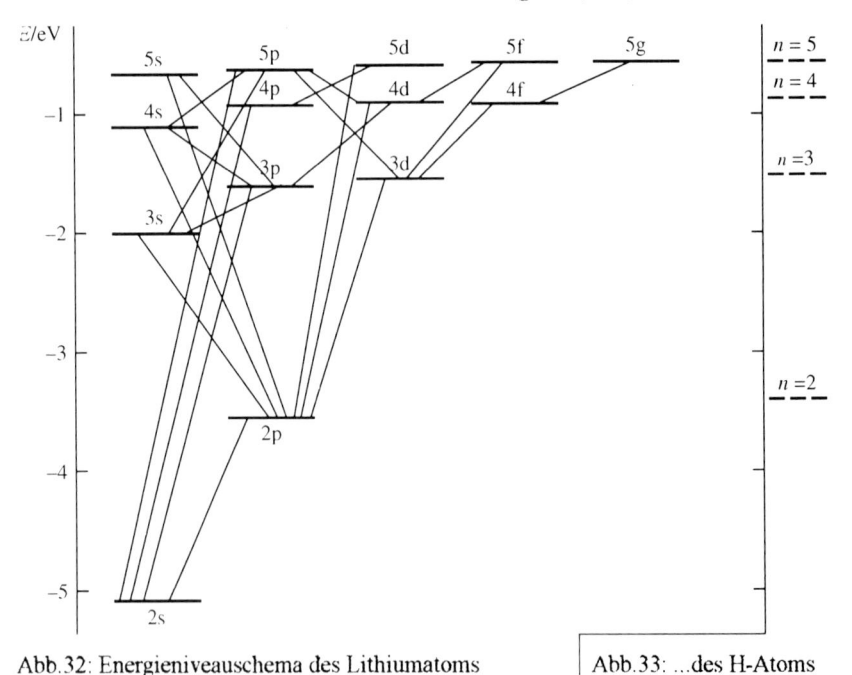

Abb.32: Energieniveauschema des Lithiumatoms   Abb.33: ...des H-Atoms

15. Das Atom als magnetischer Dipol

15.1 Der Bahnmagnetismus

Mit guten Spektrometern lässt sich fast jede Linie der Alkaliatome in zwei eng benachbarte Linien auflösen (z.B. Na-D-Doppellinie). Diese Feinstruktur der Spektrallinien wurde erst 1925 durch Einführung der Eigendrehung des Elektrons (Elektronenspin) gedeutet. Während hierbei der Magnetismus des 'spinnenden' Elektrons eine Aufspaltung der Spektrallinien hervorruft, begründeten Sommerfeld und P.J.W.Debye (1884-1966) 1916 mittels der magnetischen Eigenschaft des umlaufenden Elektrons das Auftreten zusätzlicher Niveaus und Linien des Atoms im Magnetfeld (z.B.Lorentz-Triplett).

Ein auf einer geschlossenen Bahn umlaufender Ladungsträger stellt einen elektrischen Strom dar (I: Stromstärke). Dieser erzeugt ein Magnetfeld lotrecht zur Bahnebene (A: Flächeninhalt), wie in der Leiterschleife einer Spule. Zur quantitativen Erfassung definiert man das magnetische (Dipol-) Moment mit dem Betrag $\mu = IA$ ('magnetisches Blatt'). Ampère hatte bereits den Magnetismus von Eisen durch atomare Kreisströme erklärt.
Ein magnetischer Dipol sucht sich in einem homogenen Magnetfeld (Magnetische Induktion $\vec{B}$) in Feldrichtung einzustellen. Lenkt man ihn aus dieser Stellung aus, so wirkt ein mechanisches Drehmoment, das ihn in die Parallelstellung zurückzutreiben sucht (vgl. Kompass). Es ist ebenso wie die Energie des Systems proportional zu μ und B, und außerdem vom Winkel zwischen $\vec{\mu}$ und $\vec{B}$ abhängig.

Bei der Übertragung auf die Bahnbewegung des Elektrons zeigt sich, dass auch hier das magnetische Moment dem Drehimpuls direkt proportional ist. Ihre Vektoren sind kollinear (magneto-mechanischer Parallelismus); aber wegen der negativen Ladung des Elektrons entgegenorientiert. Da sich das Elektron im Magnetfeld mechanisch wie ein Kreisel verhält, präzedieren beide Vektoren um die Richtung von $\vec{B}$ auf je einem Kegelmantel mit gleichem Öffnungswinkel. (Dabei führt die auf der gemeinsamen Achse lotrecht stehende Bahnebene eine Taumel- oder Torkelbewegung aus).
Die Kreisfrequenz dieser Präzession wurde schon früher von Larmor angegeben (Larmorfrequenz). Sie ist unabhängig vom Winkel zwischen Achse und Richtung des Magnetfeldes. Nach klassischer Auffassung (makroskopischer Kreisel) könnte dieser Winkel jeden beliebigen Wert annehmen. Indem er jedoch die Orientierung des Drehimpulses quantisierte, führte Sommerfeld weitere Energieniveaus ins Atommodell ein.

15.2 Richtungsquantelung. Die dritte Quantenzahl

Um das bisher ebene Modell des Atoms (zwei Polarkoordinaten) zu einem dreidimenionalen zu erweitern, führte man als dritte Koordinate den Winkel ψ ein, durch den die Stellung der Umlaufebene gegenüber einer vorgegebenen Raumrichtung angegeben wird. Das gleiche gilt für den Bahndrehimpuls $\vec{l}$, der als Vektor auf der Ebene senkrecht steht. Das zugehörige Phasenintegral der Bohrschen Theorie liefert folgende Quantenbedingung: Der Drehimpuls kann nur diejenigen Stellungen im Raum einnehmen, in denen seine Komponenten in der ausgezeichneten (z-) Richtung $|\vec{l}_z| = n_\psi \hbar$ betragen, mit $n_\psi = -\ell, -\ell+1, -\ell+2,..,0,.., \ell-1, \ell$. Dabei kann sich der Bahndrehimpulsvektor jedoch nicht parallel zur z-Richtung stellen; er ist etwas länger als seine maximale z-Komponente. Man spricht von der Richtungsquantelung des Bahndrehimpulses; n_ψ heißt Orientierungsquantenzahl.

In dem damit erweiterten Term für die Gesamtenergie des Atoms kommt n_ψ jedoch nur in der Summe mit den beiden bereits eingeführten Quantenzahlen vor. Deshalb treten hier ebensowenig zusätzliche Energieniveaus auf, wie früher beim Übergang von kreisförmigen zu elliptischen Bahnen (S.70). Dort wurde die Entartung durch unterschiedliche Geschwindigkeiten auf den quantisierten Bahnen aufgehoben. Dagegen ändert sich mit der Stellung der Bahnebene die Geschwindigkeit nicht und damit auch nicht die Energie mit den Werten der Quantenzahl n_ψ.

In einem äußeren Magnetfeld ($\vec{B} \uparrow \vec{z}$) jedoch kommt es zur Wechselwirkung des atomaren Dipols mit dem Magnetfeld. Jetzt präzediert der Drehimpulsvektor auf einer Schar von Kegelmänteln, deren Öffnungswinkel die Richtungsquantelung erfüllen. Zu jedem dieser neuen Zustände des Atoms gehört eine andere magnetische Zusatzenergie E_m, die zur bisherigen Energie hinzutritt: $E_{n\ell} + E_m = E_{n\ell m}$. Dabei ist E_m der magnetischen Quantenzahl m ($= n_\psi$) und B proportional: $E_m = \mu_B \, m \, B$; das Bohrsche Magneton μ_B ist gleich dem magnetischen Moment auf der innersten Bahn des Wasserstoffatoms.

Die Auswahlregel $\Delta m = -1, 0, +1$ lässt nur die drei Linien des Lorentztripletts zu, was den normalen Zeemaneffekt erklärt (Debye und Sommerfeld 1916). Dagegen handelt es sich beim Stern-Gerlach-Versuch, dem ersten direkten Nachweis einer Richtungsquantelung, nicht um den Bahnmagnetismus des Atoms, was die Experimentatoren zunächst angenommen hatten.

15.3 Das Experiment von Stern und Gerlach

Der Wert der magnetischen Zusatzenergie liegt selbst bei starken Magnetfeldern in der Größenordnung von nur 10^{-5} eV. Dem entspricht ein sehr geringer Wellenlängenunterschied gegenüber der Linie ohne Magnetfeld, so dass die drei Linien (Lorentztriplett) nur in sehr starken Magnetfeldern und mit hochauflösenden Spektralapparaten zu beobachten sind. Das ist der Grund, weshalb Faraday den von ihm vorausgesagten Effekt damals nicht nachweisen konnte. Bei diesem normalen Zeemaneffekt erscheinen zu jeder Linie stets zwei Seitenlinien. (Bei Beobachtung in Richtung der Feldlinien ohne die mittlere). Bei der Mehrzahl der Atome ist die Aufspaltung vielfältiger und konnte erst nach Einführung des Elektronenspins erklärt werden.

Obwohl mittels der Richtungsquantelung der normale Zeemaneffekt auch quantenphysikalisch erklärbar war, erschien dieser eher als eine indirekte Bestätigung der Theorie. Was fehlte, war ein *direkter Nachweis* durch ein Experiment, mit dessen Ergebnis eindeutig zwischen der klassischen Kreiselbewegung und einer Richtungsquantelung atomarer Kreisel unterschieden werden konnte. Diese Entscheidung brachte 1922 der von **Otto Stern** (1888-1969) und **Walter Gerlach** (1889-1979) ausgeführte Versuch.
Sie schickten einen Strahl aus Silberatomen durch ein stark inhomogenes Magnetfeld. In diesem wirkt auf magnetische Dipole eine Kraft quer zur Strahlrichtung, je nach deren Einstellung im Feld. Kommen alle möglichen Stellungen der Dipolachsen unter den Atomen im Strahl vor, so müsste auf dem Schirm hinter dem Magnetfeld ein breiter, zusammenhängender Streifen aus Silberatomen erscheinen. Die Atome sammeln sich aber an zwei Stellen auf dem Schirm, getrennt durch die freibleibende Mitte (Auftreffort ohne Magnetfeld). Die Atomachsen nehmen also im Magnetfeld nur zwei zur Feldrichtung symmetrische Stellungen ein, parallel und antiparallel, wie man damals meinte.

Dies war genau das Kriterium, das Stern bei der Planung des Versuchs 1921 im Sinn hatte. Deshalb gab es für Stern und Gerlach am Aussagewert des Ergebnisses keinen Zweifel: *Die Aufspaltung des Atomstrahls im Magnetfeld erfolgt in zwei diskrete Strahlen. Es sind keine unabgelenkten Atome nachweisbar. Wir erblicken in diesem Ergebnis den direkten experimentellen Nachweis der Richtungsquantelung im Magnetfeld* (/28/). Und Sommerfeld schreibt: *Durch ihre kühne Versuchsanordnung haben also Stern und Gerlach nicht nur die räumliche Quantelung der Atome im Magnetfelde ad oculos demonstriert, sondern haben auch die atomistische Natur des magnetischen Moments* und *seinen quantentheoretischen Ursprung bewiesen.*

16. Der Elektronenspin

16.1 Die vierte Quantenzahl

Zu den Erscheinungen, die sich einer Erklärung innerhalb der halbklassischen Quantentheorie entzogen, gehörte neben der Feinstruktur der meisten Spektrallinien auch der damals 20 Jahre alte anomale Zeemaneffekt. Er tritt bei einer Vielzahl von Atomen auf, deren Spektren im Magnetfeld gegenüber dem normalen Zeemaneffekt wesentlich mehr Linien aufweisen. Ihre Erklärung stellte für die Atomtheorie eine echte Herausforderung dar.

Aus der Fülle des spektroskopischen Materials entwickelte Landé Zahlenterme (ganze Zahlen oder einfache Brüche), die als Faktor zu den Energietermen (E_m) traten. Dieser Landé- oder g-Faktor ist beim normalen Zeemaneffekt $g_L=1,0012$, weshalb sich die Aufspaltung einer Linie im Magnetfeld auf das Lorentz-Triplett beschränkt. Bei Atomen, die den anomalen Zeemaneffekt zeigen, haben dagegen die g-Faktoren für verschiedene Energieniveaus im allgemeinen unterschiedliche Werte. Dadurch wird eine Linie im Magnetfeld trotz der Auswahlregel in eine Vielzahl von benachbarten Linien aufgespalten, z.B. in zehn bei der Na-D-Linie.

Zusätzlich waren Modifikationen nötig, um eine vollständige Übereinstimmung mit den gemessenen Frequenzen zu erreichen. So zeigte sich, dass der Term für den Drehimpuls, z.B. $\ell\hbar$, durch den Term $\sqrt{\ell(\ell+1)}\hbar$ zu ersetzen ist. Er ist bei kleinen Quantenzahlen erheblich größer als der halbklassische Term. Außerdem waren die Drehimpulse oft ein Vielfaches von $h/4\pi$ statt $h/2\pi = \hbar$; es treten offenbar halbe Quanten auf. Nach diesen Korrekturen gab zwar Landés empirisch gewonnenes Energieniveauschema die Linien richtig wieder; aus dem damaligen halbklassischen Atommodell konnte es aber ebensowenig hergeleitet werden wie auch die Auswahlregeln. *Um $\ell(\ell+1)$ zu erklären, brauchte man die Quantenmechanik; um die halben Quanten zu verstehen, brauchte man den Elektronenspin. Beide Vorstellungen lagen schon in Reichweite, gewissermaßen um die Ecke* (E.Segrè).

Ebenso widersetzte sich die Theorie des periodischen Systems einer Erklärung. **Wolfgang Pauli** (1900-1958; Abb.34) führte beide Probleme einer Lösung zu. Seine Anwendung der halbklassischen Theorie auf das Wasserstoffmolekül-Ion hatte 1921 nicht zu den richtigen stationären Zuständen geführt, wodurch das anschauliche Atommodell zum ersten Mal ernsthaft in Frage gestellt wurde.

Sommerfeld hatte den anomalen Zeemaneffekt bei den Alkalimetallen auf die magnetische Wechselwirkung des Leuchtelektrons mit dem Atomrumpf zurückgeführt. 1924 zeigte Pauli, dass dann der Landé-Faktor von der Ordnungszahl (Z) des Elements abhängen müsse, im Gegensatz zu den Aussagen der Spektren. Die 1923 angegebene Verteilung der Elektronen auf die verschiedenen Schalen des Atoms (Bohr, Coster) wurde durch Röntgenexperimente (de Broglie) widerlegt. Erst die von Stoner vorgenommene Verteilung der Elektronen stimmte mit den Experimenten überein. Dies nahm Pauli Anfang 1925 zum Anlass, durch sein Ausschließungsprinzip (S.78) sowohl die Periodenlängen im Periodischen System zu erklären, als auch in das Atommodell eine vierte Quantenzahl einzuführen, die *als ein innerer Drehimpuls des Elektrons zu deuten sein könnte* (Kronig).
Bei der Anwendung dieser Deutung auf die Aufspaltung der Wasserstofflinien ergab sich eine Abweichung des Resultats von der Beobachtung um den Faktor zwei. Auch traten Rotationsgeschwindigkeiten des Elektrons größer als die Lichtgeschwindigkeit auf. Man gab deshalb die Interpretation der vierten Quantenzahl mittels eines Elektronenspins zunächst wieder auf.

Mitte 1925 erschien eine Arbeit von **Samuel Goudsmit** (1902-1978) über den anomalen Zeemaneffekt. Daraus erkannte **George Uhlenbeck**: *... dies bedeute, daß alle Elektronen vier Freiheitsgrade hätten, als ob jedes Elektron einen Spin besäße* (/15/). Auch wurde von beiden aus den Spektren der Betrag des Spins sowie des zugehörigen magnetischen Moments erschlossen, deren (gyromagnetisches) Verhältnis doppelt so groß ist wie beim Bahnmagnetismus des Elektrons (magneto-mechanische Anomalie).

Die optischen Übergänge zwischen den zusätzlichen Energieniveaus stimmen mit Linien des anomalen Zeemaneffekts bzw. der Feinstruktur überein.-
In der Quantenmechanik stellte sich heraus, dass der Spin ein Effekt ist, zu dem es keine Entsprechung in der klassischen Physik gibt.

Eine besondere Ironie des Schicksals ist, daß die weitere anschauliche Ergänzung dieses anschaulichen (Vektor-)*Modells durch die Vorstellung einer Eigenrotation des Elektrons...erst dann angegeben wurde, als die Grundkonzeption der Bohrschen Theorie bereits fragwürdig geworden war* (/9/).

Abb. 34: Wolfgang Pauli

16.3 Paulis Ausschließungsprinzip

Das Periodensystem dient dem Chemiker als Orientierungs- und Kontrollhilfe und wurde bald zu einem nützlichen Arbeitsmittel. Für die Physiker war die Existenz des Periodensystems eine Herausforderung, die dem Ordnungsprinzip zugrunde liegenden physikalischen Strukturen zu finden (/9/).- Zwar ließen sich wie beim H-Atom die weiteren Energiezustände anderer Atome mittels stabiler Elektronenbahnen veranschaulichen. Damit war aber nichts darüber ausgesagt, wie die Elektronen auf diese Bahnen verteilt sind. Bei einem Aufenthalt aller Elektronen auf der innersten Bahn (geringste Energie), wären weder die Gruppen noch die Perioden erklärbar, die sich bei der Anordnung nach steigendem Atomgewicht im Periodensystem zeigen.
Um im PSE Unstimmigkeiten in der Reihenfolge zu beseitigen, hatte man die relativen Atommassen durch die Ordnungszahlen (Z). ersetzt; 1 für H, 2 für He, 3 für Li usw. An zwei Stellen musste die Tabelle unterbrochen werden, um Platz für die Übergangselemente 57 bis 71 und 90 bis 98 mit ihren sehr ähnlichen Eigenschaften zu schaffen. Niemand zweifelte, dass die für die freigebliebenen Plätze vorausgesagten Elemente noch entdeckt würden.

Man hatte schon die Elektronen von Atomen mit derselben Hauptquantenzahl (n) zu Schalen zusammengefaßt (Kossel 1916). Innerhalb derselben chemischen Eigenschaften der Elemente zeigte sich bei einigen Paaren (Z, $Z+1$) eine Abweichung vom allgemeinen Trend. Man unterteilte deshalb die Schalen in Unterschalen (gleiche Nebenquantenzahl l). Beim Vorliegen vollbesetzter Schalen (Edelgase) und besetzter Unterschalen zeigen sich stabile Zustände. Damit war die Systematik des PSE im Atommodell erfasst.

1924/25 wies Pauli auf die Bedeutung der äußersten, nicht abgeschlossenen Elektronenschale gegenüber dem Atomrumpf (Edelgaskonfiguration; $L = 0$) hin, was die magnetomechanische Anomalie erklärte. Sein Ausschließungsprinzip, nach dem es keine zwei Elektronen mit denselben (vier) Quantenzahlen im gleichen Quantensystem geben kann, erlaubt einen vom H-Atom ausgehenden Aufbau des Modells mit wachsendem Z: Wenn die dadurch begrenzte Zahl der Kombinationen in einer Schale erschöpft ist, dann werden die folgenden Elektronen in einer neuen Schale untergebracht. Nach vorzeitigem Abbruch (z.B. ab K) kommt es zu einem späteren Auffüllen dieser Innenschale (ab Sc). Innerhalb derselben Unterschale werden die Zustände zunächst mit parallelem Spin aufgefüllt (Hundsche Regel). Diesem Aufbauprinzip liegt die allgemeine Forderung der Bildung von physikalischen Systemen mit möglichst geringer Energie zugrunde. Wie das Energieprinzip ist das Ausschließungsprinzip ein nicht herleitbares Naturgesetz.

	Kernphysik	Spektren	Atommodelle
1908	RUTHERFORD:Zählung der α's	RITZ: Kombinationsprinzip	STARK: Valenzlehre(Erdbeermodell)
1909	SODDY: Isotopie		RUTHERFORD:'Massives Zentrum'
1910	J.J.THOMSON: q/m von Ionen		HAAS: h als atomare Konstante
1911	(u.1909) GEIGER, MARSDEN: Streuversuche mit α-Teilchen		J.J.THOMSON: Schalenmodell RUTHERFORD: Kern-Hülle-Modell
1912	SODDY,FAJANS:Folge für PSE	v.LAUE: Röntgeninterferenzen	EINSTEIN:Photochem. Elem.-Prozeß
1913	v.d.BROEK: Ordnungszahl MOSELEY: = Kernladungszahl	MOSELEY: Charakteristische Röntgenstrahlung	BOHR: Energiestufenmodell des Wasserstoffatoms;1.Quantenzahl(QZ)
1914	Wilsonkammer; Spitzenzähler	BRAGG: Drehkristallmethode	FRANCK, HERTZ: Stoßanregung
1915		MILLIKAN: Photoeffekt (h)	SOMMERFELD: Alkaliatom (2.QZ)
1916		KOSSEL: Erklärung der charakteristischen Röntgenstrahlung	SOMMERFELD,DEBYE: Richtungsquantelung im Magnetfeld (3.QZ)
1917		EINSTEIN: Impuls des Photons	
1918	HAHN,MEITNER: Protaktinium		
1919	ASTON: Massenspektrograph RUTHERFORD: Künstliche Elementumwandlung		LANGMUIR: Theorie der Ionen- und Atombindung ('Oktettregel')
1922	HEVESY; COSTER: Hafnium	Sommerfelds „Atombau und Spektrallinien"	STERN, GERLACH: Aufspaltung des Atomstrahls im inhomogenen B-Feld
1923		COMPTON-Streuung	
1924		GEIGER, BOTHE: Koinzidenz beim Stoß Photon-Elektron	PAULI: Ausschließungsprinzip(4.QZ)
1925	NODDACK: Rhenium ($Z=75$)		UHLENBECK, GOUDSMIDT: Spin

17 Photonen und Elektronen

17.1 Plancks *'Akt der Verzweiflung'*

Obwohl seine Gleichung die Strahlung eines schwarzen Körpers für alle Wellenlängen richtig wiedergibt (S.54), gab sich Planck mit dieser *glücklich erratenen Interpolationsformel* nicht zufrieden. Nach ihrer Bekanntgabe (19.10.1900) *blieb das theoretisch wichtigste Problem zurück: eine sachgemäße Begründung dieses Gesetzes zu geben.* Hierfür hat er Wahrscheinlichkeitsaussagen in die Strahlungsphysik einbezogen. Dies empfand Planck als einen wesentlich radikaleren Bruch mit den Auffassungen der klassischen Physik, als die daraufhin von ihm am 14.12.1900 in Berlin vorgetragene Energiequantelung (/32/).

Planck hatte sich seit 1894 mit dem Problem des Gleichgewichts zwischen Strahlung und Materie beim schwarzen Körper *ohne Erfolg herumgeschlagen*. In der zweiten Hälfte des 19. Jahrhunderts hatte man in der Thermodynamik für die *'Entwertung'* bei Energieumwandlungen den übergeordneten Begriff der Entropie entwickelt. Für die Entropie eines Oszillators der Hohlraumstrahlung stellte Planck gemäß seinem Strahlungsgesetz eine Gleichung auf, wobei er die von ihm vertretene axiomatischen Behandlung der Thermodynamik anwendete *).
Neben dieser Auffassung von Wärmevorgängen hatte **Ludwig Boltzmann** (1844-1906) eine wahrscheinlichkeitstheoretische Interpretation eingeführt. Dabei setzte er die Entropie (S) proportional zum Logarithmus der Wahrscheinlichkeit (P) für das Auftreten eines bestimmten Zustandes des thermodynamischen Systems. Indem Planck diese ihm ungewohnte und unsympathische *Abzählmethode in einem Akt der Verzweiflung* auf die Verteilung der Energiewerte auf die Oszillatoren im Hohlraum anwendete, erhielt er eine zweite Gleichung für die Entropie (ohne Betrag des Energiequants ε).

Um die zweite Gleichung mit der ersten (experimentell erhaltenen) in Übereinstimmung zu bringen, so dass er aus der zweiten sein Strahlungsgesetz herleiten konnte, sah sich Planck gezwungen, die Energieportionen der Oszillatoren proportional zu ihrer Frequenz zu setzen: $\varepsilon = h\nu$. (Die Proportionalitätskonstante h hatte er bereits 1899 als Naturkonstante aufgefaßt). Auch die Bedeutung der später sogenannten Boltzmannkonstanten k in $S = k \cdot \ln P$ wurde zuerst von Planck erkannt.

---
*) Wie sehr Planck diese liebgewonnen hatte, zeigt, dass noch in späteren Auflagen seiner „Thermodynamik" das Boltzmannsche Prinzip fehlt.

17.2 Einsteins Statistik der Lichtquanten

In der Boltzmannschen Beziehung $S \sim \ln P$ handelt es sich bei P um die thermodynamische Wahrscheinlichkeit, die auch Werte größer als eins annehmen kann. Sie wird bestimmt durch die Anzahl der Möglichkeiten, Oszillatoren mit der Eigenfrequenz ν auf Energiewerte zu verteilen, die sich im Falle von Planck als ganzzzahlige Vielfache von $\varepsilon = h\nu$ herausgestellt hatten. Als ein Nebenprodukt lieferte die Thermodynamik der Strahlung eine überraschende Bestätigung des Boltzmannschen Prinzips.

Die Entropie hängt eng mit der Schwankung der in einem gegebenen Raumgebiet enthaltenen Energie zusammen. Über die Boltzmannsche Beziehung definierte Einstein ein Maß für die statistischen Schwankungen, die umso größer sind, je flacher das Maximum der Entropie ist, das dem Gleichgewichtszustand entspricht. Damit konnte er 1905 eine Theorie der Brownschen Bewegung von suspendierten Teilchen aufstellen, die die Bestimmung des Atom- bzw. Moleküldurchmessers erlaubt.
Wien hatte für sein Strahlungsgesetz (S.54) die Wahrscheinlichkeit(sdichte) als proportional zur dritten Potenz der Frequenz erkannt. Einstein zeigte, dass sich die daraus errechnete Entropie wie die Entropie eines Gases aus unabhängigen Teilchen der Energie $h\nu$ ergibt: ... *innerhalb des Gültigkeitsbereichs der Wienschen Formel verhielt sich die Strahlung in thermodynamischer Hinsicht so, als bestünde sie aus Quanten der Energie* $(h\nu)$. So war Einstein auf die Lichtquantenhypothese (S. 57) gestoßen.

Bei der Weiterentwicklung dieser Idee führte er die Rechnung mit der auch für andere Frequenzbereiche gültigen Planckschen Strahlungsformel aus. Dabei trat neben dem Ausdruck von 1905 ein Summand für die Energieschwankung in einem System klassischer Lichtwellen auf (1909); das war ein Indiz für die duale Natur des Lichts als Welle und zugleich als Teilchen: *Mit seiner Abhandlung über die statistischen Schwankungen hat EINSTEIN den* Dualismus Welle-Teilchen *beim Licht eingeführt* (F.Hund).
Es folgten theoretische Beweise des Planckschen Strahlungsgesetzes, das Einstein 1909 und P. Debye 1910 untersuchten. 1917 endlich veröffentlichte Einstein seine *verblüffend einfachere und allgemeinere Herleitung.-*
Der Schweidlersche Gedanke der Zerfallswahrscheinlichkeit bei der Radioaktivität (S. 49) findet hier seine Anpassung an andere atomare Vorgänge; er hat sich über die gesamte Quantentheorie verbreitet (M.v.Laue).-
Erst im Rahmen der Einsteinschen Photonenhypothese ... und der Bohrschen Atomtheorie wurde die fundamentale Bedeutung des Planckschen Wirkungsquantums offenbar (/32/).

17.3 Der Comptoneffekt

Von seinen Zeitgenossen wurden Einsteins Lichtquanten nicht ganz ernst genommen. Sommerfeld hielt sie für eine unnötige Umschreibung der Quantenhypothese. Besonders Planck verhielt sich ablehnend und Bohr äußerte sich noch in seinem Nobelvortrag (1922) zurückhaltend. Diese Haltung änderte sich erst nach der Entdeckung des Comptoneffekts.

In seiner Arbeit aus dem Jahr 1917 hatte Einstein nicht nur eine einfache Ableitung der Planckschen Formel veröffentlicht. Um den *einfachen Hypothesen über die Elementarvorgänge der Emission und Absorption eine neue Stütze zu geben*, zeigte er auch, dass dabei zusätzlich *eine Impuls-Übertragung stattfindet*. Die Konsequenz ist: Wenn das Atom bei der Emission der Energie ε den Impuls ε/c als Rückstoß erhalten soll, dann *müssen wir jene Elementarprozesse als vollständig gerichtete Vorgänge auffassen* (Alter Name dafür: Nadelstrahlung).

Fast als einziger versuchte J. Stark, unterschiedliche Erscheinungen mittels der Planckschen Vorstellung zu deuten. So benutzte er 1909 zur Erklärung der Abbremsung von Elektronen die vektorielle Zusammensetzung des Elektronenimpulses mit einer Größe vom Betrag $h\nu/c$, die er dem Lichtquant als Impuls zuschrieb. Erst 1923 konnte die bis dahin suspekte Lichtquantenhypothese Einsteins erhärtet werden durch ihre Anwendung auf einen Effekt, dessen Erklärung die Gültigkeit der Energie- und Impulserhaltung im atomaren Bereich voraussetzt. Mittels der beiden Erhaltungssätze stellte **Arthur Holly Compton** (1892-1962) eine (Streu-)Formel auf, nach der das an Atomen leichter Elemente gestreute Röntgenquant eine geringere Frequenz besitzt als das Primärquant, während das schwach gebundene Elektron den Rest von Energie und Impuls aufnimmt. Debyes gleiche Theorie kam sechs Wochen nach Comptons Veröffentlichung, in der Compton auch die experimentelle Bestätigung seiner Theorie beschrieb.

Trotzdem war die Annahme eines *Billardstoßes* (Compton) zwischen einem Quant und einem Elektron so ungewöhnlich, dass Bohr, Kramers und Slater noch 1924 für einen solchen Elementarvorgang die Erhaltung von Energie und Impuls nur im statistischen Mittel gelten lassen wollten. Den Durchbruch brachten 1926 Koinzidenzmessungen von Geiger und Bothe, die nachwiesen, dass das Elektron mit dem Streuquant gleichzeitig, das hieß damals innerhalb von 10^{-3} s (1947 Hofstadter und Mac Intyre: 10^{-9} s) emittiert wird. Die Theorie der Impulsübertragung bei Elementarprozessen wurde von Bohr akzeptiert, aber nicht von Einstein, da *sie Zeit und Richtung der Elementarprozesse dem 'Zufall' überläßt*. -

Theorie und Experiment

Nach der Bestätigung des elektromagnetischen Wellencharakters der Röntgenstrahlen suchte man den Vorgang ihrer Streuung gemäß der Maxwellschen Theorie zu erklären. Experimente mit sehr kurzwelligen Röntgenstrahlen zeigten jedoch Abweichungen von der klassischen Thomsonstreuung. So wurde z.B. die Strahlung bevorzugt in Vorwärtsrichtung gestreut. Auch wies die Streustrahlung eine andere Wellenlänge auf als die primäre Röntgenstrahlung. Compton schreibt dazu: *Auf Grund dieses Versagens erscheint es als unwahrscheinlich, daß im Rahmen der klassischen Elektrodynamik eine befriedigende Lösung der Streuung von RÖNTGEN-Strahlen gefunden werden kann.* Deshalb entwickelte Compton zur Erklärung eine neue Theorie *vom Standpunkt der Quantenmechanik aus.* Er prüfte, *what would happen if each quantum of X-Ray energie were concentrated in a single particle and would act as a unit on a single elektron* (/18/). Auf Grund der Annahmen für einen solchen Elementarprozess gelang Compton die Herleitung seiner Streuformel.

Obwohl die daraus errechneten Wellenlängen mit den in früheren Versuchen Comptons an γ-Strahlen gemessenen in befriedigender Übereinstimmung waren, führte er zusätzlich ein Experiment durch, um zu einer quantitativ sicheren Aussage zu gelangen (Abb.35). Röntgenstrahlung einer Molybdänanode (T) fällt auf einen Streukörper (R) aus Graphit. Die (in der Abb. um 90°) gestreute Strahlung gelangt durch mehrere Blenden auf einen Karzitkristall. Die unter den Glanzwinkeln auftretenden Maxima werden in einer Ionisationskammer nachgewiesen. Durch Drehung der Röhre zusammen mit dem Streukörper kann der Streuwinkel ϑ geändert werden, ohne die übrigen Teile der Apparatur zu bewegen. Bei genauer Justierung lag die Messunsicherheit bei $\overline{\Delta\vartheta} \approx 1'$, was $\overline{\Delta\lambda} \approx 0{,}1$ pm entspricht.

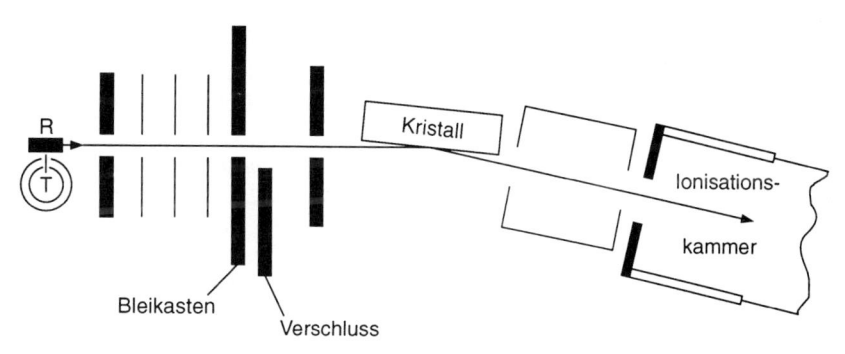

Abb.35: Comptons Versuchsanordnung

18. Quantenmechanik (1924-1929)

18.1 Das Ende der halbklassischen Quantentheorie

Die Entwicklung des Atommodells im ersten Viertel des 20. Jahrhunderts ist geprägt von der Anwendung der Quantentheorie Plancks (1900) auf Erscheinungen wie z.B. die Spektren, die sich mit den Methoden der klassischen Physik allein nicht erklären ließen; man spricht von der halbklassischen Quantenphysik. Ihre Ablösung durch die seit 1923 grundlegend neu entwickelte Quanten- bzw. Wellenmechanik, wurde gerade durch das Verharren in den Denkkategorien der klassischen Physik verzögert. Aber in den frühen zwanziger Jahren waren die alten Methoden mit ihren anschaulichen Bildern schließlich an ihre Grenze gelangt.

Bohr konnte mit seiner Atomtheorie (1913) zwar die Spektren des Wasserstoffatoms und ähnlicher Ionen in einer Art erster Näherung erklären. Sie versagte aber bereits beim Helium und allen weiteren Atomen. Außerdem waren die erforderlichen Forderungen ('Postulate') theoretisch nicht begründbar. Durch die Sommerfeldsche Weiterentwicklung des Modells ließen sich die Spektren der Alkaliatome erklären. Der 1916 ins Modell eingeführte Bahnmagnetismus erklärte nur das Auftreten der Tripletts beim normalen Zeemaneffekt.. Dagegen blieb die Vielzahl der Linien des anomalen Zeemaneffekts sowie die Feinstruktur der Spektrallinien unerklärt. So erwies sich auch diese zweite Näherung als ungenügend zur Erklärung der gesamten Linienvielfalt der Spektren. Die Bohrsche Atomtheorie, *selbst wenn sie durch die Einführung relativistischer Korrekturen erweitert wurde,* war *nicht imstande, der Reichhaltigkeit der Spektralserien vollständig zu genügen. Augenscheinlich fehlten ihr einige unerläßliche Elemente (/33/).*

Hierzu zählte insbesondere der Spin des Elektrons. Wenn auch dieser als letzter Baustein noch in das anschauliche Vektormodell passte, so befriedigte die Vermischung klassischer und quantentheoretischer Prinzipien die Physiker immer weniger. Sommerfeld selbst stellte 1924 fest, dass *das Atommodell mehr ein Rechenschema als eine Zustandsrealität ist.* Bereits seit 1923 bemühte man sich darum, *eine in sich schlüssige Quantenmechanik in der Physik aufzustellen. ... Das war die größte Herausforderung des Jahrhunderts und wollte man sich ihr stellen, so mußten neue Denkrichtungen eingeschlagen werden* (E.Segrè). Das formale mathematische Problem wurde innerhalb weniger Jahre gelöst. Die Interpretation der Formeln erforderte allerdings eine Revision erkenntnistheoretischer Grundbegriffe wie Kausalität und Determinismus, die sich über mehrere Jahrzehnte hinzog.

18.2 De Broglies Materiewellen

Die Anregung zur mathematischen Formulierung der Quantenmechanik verdankten Heisenberg und Schrödinger **Louis de Broglie** (1892-1987; Abb.36). Mittels der Energiebeziehung $h\nu = mc^2$ schrieb er dem Photon eine Masse (m) zu. Zusammen mit dem Impuls (Einstein 1917) und der kinetischen Energie des Photons (Compton 1922) lag damit neben der Wellentheorie eine mittels mechanischer Größen beschreibbare 'materielle' Anschauung vom Licht vor. Dies verallgemeinerte de Broglie in seiner Dissertation („Recherches sur la théorie des Quanta" 1924), indem er vorschlug, *sowohl für die Materie wie für die Strahlung ... den Korpuskel- und Wellenbegriff gleichzeitig einzuführen*. Dabei sollte *auf Grund eines großen Naturgesetzes mit jedem Energiequantum von der Masse m ein periodisches Phänomen der Frequenz ν verknüpft sein* (/32/).

De Broglie wies auf die Unvollkommenheit der Quantentheorie des Lichts hin, da die Energie mit der Frequenz ν verknüpft ist, wohingegen eine Teilchentheorie nicht eine Frequenz definieren könne. Also sei man gezwungen, neben der Idee eines Teilchens zugleich die der Periodizität einzuführen. *Andererseits bringt die Bestimmung der stabilen Bewegungen der Elektronen im Atom ganze Zahlen ins Spiel, die bisher in der Physik ... nur zusammen mit den Phänomenen der Interferenz und der Eigenschwingungen aufgetreten waren. Das brachte mich auf die Idee, daß auch Elektronen nicht einfach als Teilchen betrachtet werden können, sondern daß ihnen ebenfalls eine Periodizität zugeschrieben werden muß* (Nobelpreisrede 1929).

In der Beziehung $\lambda = h/p$ verband de Broglie den Impuls ($p = mv$) eines Teilchens mit der Wellenlänge einer ihm zugeordneten Welle, auch Materiewelle genannt. Daraus leitete er die Bohrsche Quantenbedingung her. Soll nämlich eine mit dem Radius r um den Atomkern umlaufende Welle nicht durch Interferenz ausgelöscht werden, so muss der Umfang der Kreisbahn genau eine ganze Zahl von Wellenlängen betragen: $2\pi r = n\lambda$. Mit de Broglies Beziehung erhält man daraus für den Bahndrehimpuls des Elektrons $L = rp = nh/2\pi = n\hbar$, wie bei Bohrs Wasserstoffatom.
Trotz früher beobachteter Interferenzerscheinungen (Davisson und Kunsman 1921/23) und Hinweisen auf eine Verbindung mit den de Broglieschen Arbeiten (Elsasser 1925) glaubte man zunächst nicht an die Materiewellen. Erst die Beugung und Interferenz von Elektronenstrahlen an Kristallen (1927 Davisson und Germer sowie G.P.Thomson) überzeugten die Physiker von de Broglies revolutionärer Idee.- Auch für seine zweite Beziehung $\nu = E/h$ (hier E: Gesamtenergie) machte er Analogiebetrachtungen geltend.

18.3 Heisenbergs Matrizenmechanik

Mit der halbklassischen Atomtheorie ließen sich einige physikalische Phänomene quantentheoretisch erklären, wobei man als Leitlinie und Prüfstein Bohrs Korrespondenzprinzip (S. 69) anwendete. Auch das viele Jahre offen gebliebene Problem der Dispersion des Lichts ließ sich damit von Kramers 1924 lösen, der dabei nur Größen verwendete, *die eine direkte physikalische Interpretation zulassen.* Dieser positivistische Grundzug wirkte als Ferment des weiteren Fortschritts (/15/).

Werner Karl Heisenberg (1901-1976; Abb. 37) entwickelte die Dispersionstheorie weiter. (Auf Grund seiner Formel wurde 1928 der Ramaneffekt gedeutet). Dabei erkannte er, dass man in der Quantenphysik nicht von solch unbeobachtbaren Größen wie den Ortskoordinaten, Bahnen oder Umlauffrequenzen der Elektronen ausgehen darf, sondern an ihre Stelle die messbaren Folgen atomarer Prozesse setzen muss. („Über quantentheoretische Umdeutung kinematischer und mechanischer Beziehungen", 1925). Nachdem die Anwendung seines Ansatzes auf das H-Atom gescheitert war, konnte Heisenberg bei einfacheren Systemen (z.B. harmonischer Oszillator) eine befriedigende Übereinstimmung seiner Ergebnisse mit denen der halbklassichen Quantentheorie erreichen. *Damit war die lange gesuchte neue Atommechanik in Gestalt einer neuen Kinematik geboren* (/32/).

Bei den Rechnungen (zusammen mit **Pascual Jordan**) stellte sich heraus, dass das Produkt gewisser Operatorenpaare - Orts- und Impulskoordinate; Energie und Zeit - von der Reihenfolge der Faktoren abhängt. **Max Born** (1882-1970; Abb. 39) erkannte die nicht vertauschbaren Systeme der neuen Quantenmechanik als Matrizen. Die Matrizenmechanik war alles andere als klar und durchsichtig und bereitete bei den Rechnungen große Schwierigkeiten. Bohr akzeptierte die neue Atomtheorie, nach der er selbst so lange gesucht hatte: *Der ganze Apparat ... kann als eine präzise Formulierung der im Korrespondenzprinzip enthaltenen Tendenzen betrachtet werden.*

Die Quantenmechanik (Heisenbergs) *enthielt grundsätzlich neue Gedanken, die großen Anklang fanden. Sie schien neue Ausblicke zu eröffnen, vor allem, da sie die Möglichkeit bot, nur die beobachteten Größen einzubeziehen. Ihre physikalischen Begriffe jedoch waren verschwommen, auch eignete sie sich zumindest anfangs nicht zur Lösung neuer konkreter Probleme. Letztlich fand sie nur bei einer relativ kleinen Gruppe von Eingeweihten Anhänger* (E.Segrè). Ihre Gegner (z.B.Einstein) erblickten in der gleichzeitig entwickelten Wellenmechanik Schrödingers eine anschauliche Alternative zu Heisenbergs Matrizenmechanik.

18.4 Schrödingers Wellenmechanik

Erwin Schrödinger (1887-1961; Abb.38) wollte nach Arbeiten zur statistischen Thermodynamik und Relativitätstheorie *Ernst machen mit der de Broglie-Einsteinschen Undulationstheorie der bewegten Korpuskel.* **W.R.Hamilton** (1805-1865) hatte gezeigt, dass die Gleichungen der Wellenoptik für immer kleinere Wellenlängen in die Gesetze der geometrischen Optik übergehen. Das brachte Schrödinger auf den Gedanken, *vielleicht ist unsere klassische Mechanik das volle Analogon der geometrischen Optik und ... versagt, sobald die Krümmungsradien und Dimensionen der Bahn nicht mehr groß sind gegen eine gewisse Wellenlänge. ...Dann gilt es eine 'undulatorische Mechanik' zu suchen.* Zu diesem Zweck übertrug Schrödinger das Hamiltonsche Bild auf die im Atom gebundenen Elektronen (Hamilton-Schrödinger-Analogie), womit er eine *neue Atomtheorie* schuf.

Mit einem zunächst relativistischen Ansatz gelangte er im Dezember 1925 zur Aufstellung einer Wellengleichung (heute: Klein-Gordon-Gleichung), die die experimentellen Daten nur unzureichend wiedergab. Dies lag daran, dass die damals aufgekommene Idee des Spins den theoretischen Physikern noch nicht geläufig war. Nach diesem Misserfolg suchte er das Problem auf nicht relativistischem Wege zu lösen und erreichte bereits einen Monat später mit seiner (Schrödinger-)Gleichung eine Erklärung des spektroskopischen Materials, z.B.der Feinstruktur des Wasserstoffspektrums. Dessen Energiewerte (Eigenwerte) ergaben sich zwanglos aus der Rechnung.

Den Lösungen dieser linearen Differentialgleichung entsprechen physikalisch Eigenschwingungen des Systems (vgl stehende Wellen bei cincr Saite oder einer eingespannten Platte). Durch sie wurden die stationären Bahnen des Bohr-Sommerfeldschen Atommodells hinfällig (Schrödinger 1926: „Quantisierung als Eigenwertproblem"). Diese Erfolge und der bekannte Umgang mit Wellengleichungen brachte der Wellenmechanik die Sympathie vieler Physiker ein. Die Hoffnung, dass sich die Quantenphysik in letzter Konsequenz doch noch klassisch-anschaulich deuten ließe, musste allerdings begraben werden, obwohl Schrödinger selbst anfangs an ein über das ganze Atom *verschmiertes* Elektron glaubte.

Es war für Schrödinger eine Überraschung und ein Triumph zugleich, als es ihm 1926 gelang, die *Identität* der Matrizenmechanik und seiner Wellenmechanik vom *formal-mathematischen Standpunkt* zu zeigen. Damit hatte man nunmehr den langgesuchten quantentheoretischen Kalkül endlich gefunden. Abgeschlossen wurde dies 1927 durch Borns 'stochastische Deutung', Heisenbergs 'Unbestimmtheitsprinzip' und Bohrs 'Kopenhagener Deutung'.

Abb. 36: Louis de Broglie

Abb. 37: Werner Heisenberg

Abb. 38: Erwin Schrödinger

Abb. 39: Max Born

18.5 Borns stochastische Deutung

Zur gleichen Zeit hatte **Paul Adrien Maurice Dirac** (1902-1984; Abb. 40) eine weitere Fassung der Quantenmechanik aufgestellt, und zwar im mathematischen Ansatz (Mechanik nichtkommutativer Größen) allgemeiner als Heisenbergs Matrizenmechanik. Nach dem Nachweis ihrer mathematischen Äquivalenz bildeten beide das Gegenstück zu Schrödingers Wellenmechanik. Letztere wurde von Einstein favorisiert: *Die Theorien Heisenberg-Dirac zwingen mich zwar zur Bewunderung, riechen mir aber nicht nach der Wirklichkeit* (/31/). Schrödinger schrieb erfreut zurück: *Ihre und Plancks Zustimmung sind mir wertvoller als die einer halben Welt* (/34/).

Bei der erfolgreichen Anwendung der Schrödingerschen Wellengleichung blieb immer noch die Frage offen, welche Bedeutung denn die Wellenfunktion $\psi(x)$ habe. Schrödinger hielt ihr Quadrat zunächst für die Ladungsdichte, so als löse sich das Elektron im Atom in eine Wolke auf. Wegen der bei bisherigen Versuchen gesicherten Lokalisierbarkeit des Elektrons konnten diese Elektrizitätswolken ebensowenig existieren wie Bohrs Bahnen im Wasserstoffatom. Damit blieb man zunächst auf die durch die Formel verkörperte mathematisch abstrakte Beschreibung angewiesen.

Dies änderte sich 1926 mit der stochastischen Deutung der Materiewelle durch Max Born. Bereits 1907 hatte G.I.Taylor nachgewiesen, dass sich das Beugungsbild einer Nadel bei minimaler Lichtintensität allmählich aus 'Einschlägen' einzelner Photonen auf der Fotoplatte aufbaut. Nach längerer 'Belichtung' zeigen sich mit bloßem Auge beobachtbare Interferenzstreifen. Born wandte dieses Bild auf das Verhalten der Elektronen bei der Beugung und Interferenz am Kristallgitter an. Auch hier kann das Eintreffen eines einzelnen Elektrons auf dem Schirm nicht vorausgesagt werden. Aber das Quadrat der ψ-Funktion gibt an, mit welcher Wahrscheinlichkeit das nächste Elektron an der Stelle mit der Ortskoordinate x auftrifft: $|\psi(x)|^2$ ist die Wahrscheinlichkeitsdichte; $\psi(x)$ selbst hat dagegen keinerlei physikalische Bedeutung. Man sprach deshalb von einem *Gespensterfeld*, das die Elektronen führt (Einstein), das aber kein Träger von Impuls oder Energie ist. Obwohl Einstein selbst 1917 die Rolle von Wahrscheinlichkeitsaussagen im atomaren Bereich vorausgesagt hatte (S.81), verhielt er sich wie Schrödinger, de Broglie und Planck der Bornschen Deutung gegenüber ablehnend. Damit war zwar die mathematische Aussage der Wellenmechanik auf ihren eigentlichen Kern gebracht. Aber der Ersatz der strengen Kausalität durch Wahrscheinlichkeitsaussagen war neu. *Die Theorie liefert viel, aber dem Geheimnis des Alten* (Gott) *bringt sie uns kaum näher. Jedenfalls bin ich überzeugt, daß der Alte nicht würfelt*, schreibt Einstein 1926 an Born.

18.6 Heisenbergs Unbestimmtheitsprinzip

Um das Verhalten einzelner Photonen oder Elektronen zu beschreiben, dachte man sich Versuche aus, wie man ihre Bewegung beobachten könne. Heisenberg erfand dazu eine Art Übermikroskop (/40/, S.14). Auch bei späteren Gedankenversuchen mit. Elektronen am Spalt oder Doppelspalt (Feynman) kam man zu dem Ergebnis, dass sich Ort und Impuls des Elektrons zum gleichen Zeitpunkt nicht beliebig genau angeben lassen. Misst man die Ortskoordinate mit der Unsicherheit Δx, so läßt sich die gleichzeitige Impulskoordinate bestenfalls mit der Unschärfe Δp_x behaftet ermitteln, wobei gilt: $\Delta p_x \cdot \Delta x \geq \hbar/2$. Diese Unbestimmtheitsrelation (HUR) ist der mathematische Ausdruck von Heisenbergs Unbestimmtheitsprinzip.

Die Einschränkung der Messbarkeit lässt sich auch mit noch so empfindlichen Messgeräten nicht umgehen. Das bedeutet: Je sicherer man den Ort kennt, an dem sich das Elektron befindet, desto unbestimmter wird die Aussage über seine weitere Bewegung. Von einer Bahn, die sich mittels Orts- und Impulskoordinaten voraussagen lässt, kann seitdem nicht mehr gesprochen werden.- Dies war die entscheidende Wende im physikalischen Verständnis der Mikrophysik und damit der Atomtheorie durch Heisenberg im Jahre 1927 („Über den anschaulichen Inhalt der quantentheoretischen Kinematik und Dynamik").

Diese prinzipielle (Mess-)Unschärfe tritt ebenso bei anderen Größenpaaren auf, wie z.B. Energie und Zeitdauer. Für die Messung an einem Wellenzug endlicher Länge gilt: Je länger der Wellenzug ist, desto geringer ist die Unschärfe bei der Bestimmung seiner Wellenlänge (Prinzip des Lasers). Bei Lichtwellen ist dies der Grund dafür, dass sich die Wellenlänge einer Spektrallinie bestenfalls bis auf eine natürliche Linienbreite $\Delta \lambda$ genau messen lässt. Da das ausgesandte Photon mit der Energieunschärfe $\Delta E = h \cdot \Delta \nu$ behaftet ist, muss diese Unschärfe auch mindestens bei der Energie des Ausgangszustands E_n auftreten. Für die mittlere Zeitdauer τ, während der das Atom in diesem Zustand verharrt, die mittlere Lebensdauer des angeregten Zustandes, gilt die HUR: $\tau \cdot \Delta E_n \geq \hbar/2$. Demnach ist die Energie eines Atoms, das sich während der Zeitdauer τ in einem angeregten Zustand befindet, nur bis auf die Unschärfe $\hbar/2\tau$ bestimmbar. Ausschließlich die Energie des Grundzustandes ist wegen seiner langen Lebensdauer genau bestimmt.

Hatte sich Heisenberg noch 1925 von dem Gedanken leiten lassen, nur Beziehungen zwischen beobachtbaren Größen in der Theorie zuzulassen, zeigte sich jetzt, daß die Theorie festlegte, was beobachtbar ist. Bahnen im Sinne der klassischen Physik kommen in der Quantenphysik nicht vor, sie sind durch den quantenphysikalischen Formalismus ausgeschlossen *(/32/).*

18.7 Zur Wissenschaftstheorie

Mit den Gesetzen der klassischen Physik konnte man alle bis 1900 bekannten Zustände und Vorgänge erklären, da bei der Erkenntnisfindung das Kausalitätsprinzip uneingeschränkt gilt. Dieses besagt: Wenn der Zustand eines abgeschlossenen Systems zu einem Zeitpunkt vollständig bekannt ist, dann ist sein Zustand zu jedem früheren und späteren Zeitpunkt grundsätzlich bestimmbar (Determinismus). Man dachte sich dazu ein intelligentes Wesen (Laplacescher Dämon), das die Orte und Impulse aller Teilchen des Systems sowie die Kräfte auf sie zu einem Zeitpunkt kennt.
Dies ist in der Mikrophysik nicht mehr der Fall. Da z.B. Ortskoordinate und Impuls eines Elektrons nicht zum gleichen Zeitpunkt beliebig genau bestimmbar sind, ist hier der vordere Teil, die Prämisse des Kausalitätsprinzips nicht mehr erfüllt. Es wird zwar damit nicht falsch, lässt sich aber in der Mikrophysik nicht anwenden. Damit ist jedoch nicht jede Voraussage über die Änderung des mikrophysikalischen Zustandes unmöglich. Denn Wahrscheinlichkeitsaussagen sind nicht minder eindeutig als diejenigen mittels des Kausalitätsprinzips, wenn auch von anderer Qualität.

Solange man das Begriffssystem der klassischen Physik weiterverwendet, lassen sich Versuche in der Mikrophysik nicht anders als entweder mit dem Teilchenbild oder mit dem Wellenbild deuten. Weil sich dabei jeweils eines der Bilder als das passendere erweist, übertrug man dies auf den Charakter der Mikroteilchen (Elektron bzw. Photon) selbst und glaubte, dass sowohl dem Licht als auch der Materie eine Doppelnatur zukommt. Man sprach vom Dualismus Welle-Korpuskel.
Im Gegensatz zur klassischen Physik muss man aber in der Mikrophysik zur vollständigen Beschreibung beide *Gesichter* anwenden: *Die Begriffe Teilchen und Welle ergänzen sich, indem sie sich widersprechen. Sie sind komplementäre Bilder des Geschehens*, formulierte Bohr den Grundgedanken dieser Kopenhagener Deutung der Quantenmechanik und 'rettete' damit die beiden klassischen Bilder. Für die Anschaulichkeit der physikalischen Größen selbst gilt: *Ein über $\Delta p_x \cdot \Delta x \geq \hbar/2$ hinausgehender, genauerer Gebrauch der Wörter Ort, Geschwindigkeit, ist ebenso inhaltslos wie die Anwendung von Wörtern, deren Sinn nicht definiert worden ist* (Heisenberg).

Die Quantenmechanik fand damit ihren vorläufigen Abschluss, da sie nun in einer widerspruchsfreien und theoretisch konsistenten Form vorlag. Ihre Feuerprobe bestand die Kopenhagener Deutung 1927 auf dem Volta-Kongreß in Como sowie auf der Solvay-Konferenz in Brüssel. Auch die härtesten physikalischen und philosophisch-weltanschaulichen Einwände, insbesondere von Seiten Einsteins, konnten von Bohr entkräftet werden /32/.

18.8 Anwendungen auf Atom- und Molekülmodelle

Ein tiefergehendes Verständnis der Atomprozesse wurde erst mittels der Quantenmechanik möglich. Engt man den Bewegungsspielraum eines Teilchens stark ein, so kann es nur noch diskrete Energiewerte ab einer Mindestenergie (Nullpunktsenergie) annehmen. Dies gilt auch für das im Atom eingesperrte Elektron (Lokalisierungsenergie). Stellt man sich seinen 'Käfig' als Kasten vor, so lässt sich die Aufenthaltswahrscheinlichkeit im Atom durch die stehenden Wellen der $|\psi|^2$-Funktion darstellen. Während sie an den Wänden (fast) null ist, bilden die Raumgebiete mehr oder weniger großer Aufenthaltswahrscheinlichkeit (Orbitale) beim Wasserstoffatom Schalen, Hanteln, Keulen, je nach Anregungszustand. (Bei der Erweiterung zum wellenmechanischen Atommodell kommt es nur zu geringen Deformationen durch den Kern). Die Elektronen können die durch das elektrische Potential gegebenen Grenzen überschreiten, man sagt 'durchtunneln'.

Zum Heliumatom gehören zwei Schemata von Energieniveaus (Para- bzw. Orthohelium), zwischen denen ein Strahlungsübergang nicht zustande kommt. Dies liegt an den verschiedenen Stellungen der beiden Elektronenspins, parallel bzw. antiparallel zueinander. Während in den alten Atommodellen die Energieunterschiede zwischen den beiden Niveautypen offen geblieben waren, konnte Heisenberg die Energien in beiden Fällen mit Hilfe der Quantenmechanik berechnen.

Es folgte die Theorie der homöopolaren chemischen Bindung in Molekülen nach Heisenbergs Vorbild. Warum gehen zwei H-Atome eine Verbindung ein, aber nicht drei, und warum bilden Wasserstoff oder Sauerstoff Moleküle, nicht aber Edelgase? Die Antwort brachte 1927 die Theorie von Heitler und London, die die chemische Bindung auf die Gesetze der Quantenmechanik zurückführten. Auch die Bandenspektren der Moleküle konnten verständlich gemacht werden (Franck-Condon-Prinzip). An dieser Grundlegung der theoretischen Chemie auf der Quantenmechanik (Quantenchemie) waren von Seiten der Chemiker Hückel und Pauling beteiligt.

Mit Hilfe der (nichtrelativistischen) Quantenmechanik gelang die Erklärung weitererer Phänomene: Stoßvorgänge (Born), Pauliprinzip (Dirac), Paramagnetismus (Pauli), Ferromagnetismus (Heisenberg). Auch war es mittels der Schrödingergleichung und des Pauliprinzips nun möglich, die Eigenschaften der Elemente vorauszusagen, ohne auf chemische Experimente zurückgreifen zu müssen: *Die grundlegenden physikalischen Gesetze, die wir für die mathematische Beschreibung eines großen Teils der Physik und der ganzen Chemie benötigen, sind vollständig bekannt* (Dirac 1929).

19 Anfänge der Kernphysik

19.1 Eigenschaften von α-Teilchen

Um 1910 ging mit den Versuchen zur Streuung von α-Teilchen die Periode der Radioaktivität in die Periode der Kernphysik über. Bereits aus den frühen Ergebnissen wurde geschlossen, dass das Kernvolumen etwa proportional zur Massenzahl A zunimmt, was für den Kernradius bedeutet: $R = R_0 A^{1/3}$. Für die Konstante R_0 errechnete man aus der Reichweite der Alphastrahlen den Wert 2,0 bis $1,8 \cdot 10^{-15}$ m (heute 1,3 bis 1,4). Die von der Kernladung herrührende Coulombkraft wird bei Annäherung an den Kern schließlich von einer viel stärkeren Kraft des positiven Kerns überdeckt. Seit ihrem Nachweis *versteht man unter dem Kernradius den Abstand vom Kernmittelpunkt, innerhalb dessen Kernkräfte wirken* (W.Rietzler).

Zur Messung der Geschwindigkeit geladener Teilchen verwendet man eine längliche Ablenkkammer, in der die Teilchen ein gekreuztes elektrisches und magnetisches Feld durchlaufen. Je nach dem Bertrag der Feldgrößen E und B beschreiben alle Teilchen derselben Geschwindigkeit ($v = E/B$) eine geradlinige Bahn (Wiensches Geschwindigkeitsfilter), unabhängig von ihrer Masse und Ladung; z.B. $v_\alpha = 1,9 \cdot 10^7$ m/s bei Po-214 (damals Radium C'). Durch Ablenkung auf gekrümmte Bahnen (z.B. im Halbkreisspektrometer) bestimmt man die spezifische Ladung der Teilchen: $(q/m)_\alpha = 4,82 \cdot 10^7$ C/kg.

Auf die Energie der α-Teilchen schließt man aus ihrer Reichweite. In der Nebelkammer zeigen die Kondensspuren eine für das radioaktive Nuklid charakteristische Länge (ca 4 bis 8,5 cm). Da es auf dem Wege seine Energie durch Ionisation im Füllgas (in Luft ca 34 eV je Ionenpaar) verliert, hat es eine um so größere Anfangsenergie, je länger die Spur ist. Durch Auszählen der Nebeltröpfchen erhält man den Wert der Energie (bei Po-214: 7,7 MeV). Manchmal treten neben diesen gleichlangen Bahnen ('Rasierpinsel') einzelne längere Bahnen auf, was auf weitere diskrete Energien hindeutet.

Beim Versuch, den Kernradius zwischen zwei Grenzen einzuschließen, berechnet sich z.B. für ein zentral auf einen Urankern stoßendes α-Teilchen aus Po-214 der kleinste Abstand vom Kern zu $3,6 \cdot 10^{-14}$ m als obere Grenze für R. Aus seiner Reichweite (2,7 cm) folgt aber, dass die Beschleunigung erst in einem Abstand von $6,3 \cdot 10^{-14}$ m begonnen haben kann. Dann wäre diese untere Grenze für R größer als die obere. Diese 'Paradoxie' konnte ebenso wie die mit der α-Strahlung oft gemeinsam auftretende γ-Strahlung erst mit Hilfe der Quantenmechanik erklärt werden (nach /35/).

19.2 Der Alphazerfall

George Gamow (1904-1968) sowie Condon und Gurney stellten auf Grund der Wellenmechanik eine Theorie des α-Zerfalls auf. Man kann sich den Atomkern von einen Potentialwall umgeben vorstellen, in dessen Innerem sich die Kernteilchen (nach damaliger Auffassung Protonen) befinden. Er wird innen gebildet vom Potential der Kernkräfte, das mit dem Kerndurchmesser steil ansteigt, und außen von dem mit dem Kernabstand allmählich abfallenden Coulombpotential. Der Wall ist durch seine Höhe (Energieschwelle) und Dicke gekennzeichnet, die zum Fuß des Walles hin zunimmt.

Ein solcher Wall kann von einem Teilchen nach der klassischen Theorie nur überwunden werden, wenn dieses die der Wallhöhe entsprechende Energie erreicht bzw. überschreitet und damit den Wall überwindet. Dazu wäre beim 'hohen' Wall des Kerns für ein α-Teilchen eine wesentlich höhere Energie (ca 20 MeV) nötig, als die kinetische Energie, mit der es den Kern verlässt.

Dagegen besteht nach der Wellenmechanik eine gewisse Wahrscheinlichkeit, dass auch ein Teilchen mit geringerer als der Schwellenenergie auf die Außenseite des Potentialwalls gelangt, oder wie man sagt, den Wall durchtunnelt (**Tunneleffekt**). Innerhalb des Walls nimmt die Energie exponentiell ab. Die Wahrscheinlichkeit für diese Durchtunnelung ist umso größer, je höher die Energie des Teilchens im Innern und je 'dünner' die Wand in dieser 'Höhe' ist.

Demnach hat ein α-Strahler, der α-Teilchen hoher Energie aussendet, auch eine hohe Wahrscheinlichkeit für den Tunneleffekt. Das bedeutet eine große Zerfallskonstante bzw. eine kurze Halbwertszeit T_H. Beispiel Po-214: $E_k = 7,7$ MeV; $T_H = 1,64 \cdot 10^{-4}$ s ; umgekehrt z.B. bei U-238: $E_k = 4,15$ MeV; $T_H = 4,5$ a. Da die Reichweite mit der Energie steigt und fällt, ist dies genau die Aussage der Geiger-Nuttalschen Regel (S. 49).

Eine mit der α-Strahlung gemeinsam emittierte γ-Strahlung lässt sich durch Energieniveaus angeregter Kerne erklären. Dabei geht ein Mutterkern in verschieden stark angeregte Tochterkerne, und diese anschließend unter γ-Emission in den Grundzustand über. So fand die eben entwickelte Quantenmechanik ihre erste Anwendung auf die Theorie des Atomkerns mit der Erklärung des α-Zerfalls: *Die Quantenmechanik war in ihren Prinzipien um 1927 abgeschlossen. ... Ihre relativistische Weiterbildung ... wurde so das Geschenk, das die Epoche der theoretischen Physik um 1925 der folgenden Epoche ... der Physik der Elementarteilchen übergab, für die die Erzeugung und die Umwandlung von Teilchen kennzeichnend sind* (F.Hund).

19.3 Messmethoden der Kernphysik

Im zweiten und dritten Jahrzehnt des 20. Jahrhunderts entstand neben der Quantenphysik als zweites großes Forschungsgebiet die Kernphysik, auf dem insbesondere Rutherford (seit 1918 Nachfolger von J. J. Thomson) mit seinen Schülern am Cavendish-Laboratorium in Cambridge arbeitete. Seit ihren Streuversuchen suchten Physiker wie Chemiker die Eigenschaften der Atomkerne aufzuklären. Für die Untersuchungen entwickelte man weitere, empfindlichere Nachweismethoden für die radioaktive Strahlung (S.49).

Der Geigersche Spitzenzähler wurde später weitgehend vom Zählrohr abgelöst (Geiger und Müller 1928). Es ist ein gasgefülltes Rohr aus dünnem Aluminium, in dessen Achse isoliert ein Draht ausgespannt ist. Das eindringende Teilchen ionisiert längs seiner Bahn Atome des Füllgases (Primärionisation) und deren Elektronen weitere Atome. Diese Elektronenlawine wandert bei Anlegen einer Spannung zwischen Rohrwand und Draht auf diesen zu und löst beim Erreichen Stromimpulse aus, die elektrisch verstärkt und registriert werden. Bis zu einer Spannung von ca 800V ist die Sekundärionisation proportional zur Primärionisation; es werden Energie und Teilchenzahl intensiver β-(γ-) Strahlung gemessen. Bei höherer Spannung können selbst einzelne Teilchen einen Impuls auslösen.

Seit 1911/12 ließen sich in der Nebelkammer von Wilson die Bahnen geladener Teilchen durch die von ihnen erzeugten Nebelspuren sichtbar machen und die Richtungsänderung von Ladungsträgern infolge der Einwirkung eines magnetischen Feldes verfolgen. An Hand dieser Aufnahmen konnte man die Teilchen nach Ladung und Geschwindigkeit unterscheiden.
Zur Messung der spezifischen Ladung (q/m) von Kernen dient ein elektrisches zusammen mit einem magnetischen Feld. Bei der Parabelmethode (J.J.Thomson 1910) verlaufen die Ionen senkrecht zur gemeinsamen Richtung der beiden Felder. Durch die gleichzeitig auf sie wirkende Coulomb- und Lorentzkraft bilden die Teilchen mit demselben q/m-Wert auf der Photoplatte Parabeläste.
Bei der Anordnung von Aston (1919) wird der Strahl zunächst in einem elektrischen Feld aufgefächert. Durch geeignete Dimensionierung des anschließenden Magnetfeldes wird erreicht, dass Teilchen verschiedener Geschwindigkeit aber gleicher spezifischer Ladung an derselben Stelle der Fotoplatte zusammentreffen.
Dies waren die beiden ersten Methoden zur genauen Bestimmung von relativen Atommassen (Massenspektroskopie). Auch ließen sich damit aus einem Isotopengemisch (S. 45) Kerne gleicher Ordnungszahl nach ihrer Massenzahl trennen (Isotopentrennung).

19.4 Freie Wasserstoffkerne

Bei der Untersuchung von Gasentladungen (S.34ff) entdeckte Goldstein 1886 auf der Rückseite der durchlöcherten Röhrenkathode eine Strahlung. Er nannte sie Kanalstrahlen; sie verlaufen entgegengesetzt zu den Kathodenstrahlen. W. Wien trennte mittels einer Druckschleuse hinter der Kathode einen Raum ab, in den die Kanalstrahlteilchen eintreten und mit Hilfe einer weiteren Elektrode noch beschleunigt werden (Nachbeschleunigungsmethode). In diesem evakuierten Raum untersuchte er 1897/98 Geschwindigkeit und Ladung der schnellen Teilchen. Sie bestehen aus positiven Ionen des Füllgases im Entladungsteil der Röhre. Im Fall von Wasserstoff lagen also bereits in Form von Kanalstrahlen Wasserstoffkerne vor. Bei gleichzeitig einwirkendem elektrischen und magnetischen Feld stellt die Versuchsanordnung einen Vorläufer des Massenspektrographen dar.

Nachdem die α-Teilchen als doppelt positiv geladene Heliumionen erkannt waren, wurden sie selbst als Geschosse zur Untersuchung von Atomen eingesetzt. Der reine α-Strahler Polonium-214 (früher Radium C') wurde vielerorts wegen der hohen Teilchenenergie ($\approx$ 7,7 MeV) benutzt. Beim Beschuss von Paraffin bzw. Luft beobachtete Marsden 1904/05 den Austritt einiger Teilchen mit größerer Reichweite und dünneren Spuren in der Nebelkammer als die der erzeugenden α-Strahlung. Daraus schloss Marsden auf Wasserstoffkerne, da solche Rückstoßatome mit langer Reichweite auftreten, wenn man Wasserstoff mit α-Teilchen beschießt (E.Segrè).

Rutherford setzte diese Versuche an Gasen fort und bestrahlte u.a. Stickstoff mit α-Teilchen. Dabei tritt als Produkt neben einem Sauerstoffisotop Wasserstoff auf: $^{14}_{7}N + ^{4}_{2}He \rightarrow ^{17}_{8}O + ^{1}_{1}H$. *Wir müssen daraus schließen, daß das Stickstoffatom durch die bei dem Aufprall eines schnellen Alphateilchens entstehenden ungeheuren Kräfte zertrümmert wird und daß das dabei freigesetzte Wasserstoffatom ein Bestandteil des Stickstoffkerns ist*, deutete Rutherford 1919 diese erste künstliche Elementumwandlung im 4.Teil seiner Zusammenfassung „Zusammenstöße von α-Teilchen mit leichten Atomen". So konnten z.B. auch Kerne von Na, Al, Ph durch α-Beschuß (in schwerere!) umgewandelt werden. In den Nebelkammeraufnahmen von Blackett (ein Ereignis auf 50000 absorbierte α-Teilchen) fliegen infolge der freiwerdenden Energie der Sauerstoffkern (kurze, dicke Spur) und der Wasserstoffkern (lange, dünne Spur) auseinander, während der Stickstoffkern den Rückstoßkörper bildet. Nachprüfungen in Wien, wo man zunächst von mehr Spaltungen ausging, bestätigten schließlich die in geduldiger Kleinarbeit von Rutherford 1916-1919 durchgeführten Messungen.

19.5 Das Proton als Kernbaustein

Mit dem Aufbau des Atoms aus positivem Kern und negativer Hülle (1911) war bereits klar, dass das von einem radioaktiven Atom ausgestrahlte Alphateilchen aus dessen Kern stammt. Da der bei den künstlichen Kernumwandlungen ausgestoßene Wasserstoffkern offenbar aus dem beschossenen Atomkern stammte, hielt Rutherford die Wasserstoffkerne für Bestandteile eines jeden Atoms und gab ihnen 1912 den Namen Protonen. Das erinnert an die Proustsche Hypothese vom Aufbau aller Atome aus einem Urbaustein der Materie.

Bei leichten Elementen beträgt die Massenzahl A das Doppelte der Kernladungszahl Z, also ist beim doppelt geladenen Heliumkern $A = 2Z = 4$. Wenn aber der Heliumkern aus vier Protonen bestünde, so müsste er die vierfache Elementarladung besitzen und nicht nur die doppelte: $q = 2e$. Diesen Widerspruch beseitigte man dadurch, dass man in jedem Atomkern zusätzlich zu den A Wasserstoffkernen soviele Elektronen annahm, wie zur Kompensation der überschüssigen positiven Ladung der Protonen nötig sind. Demnach galt für die Gesamtladung des Kerns $Q = Ae - (A - Z)e = Ze$ in Übereinstimmung mit den gemessenen Kernladungen. Für die Annahme von Elektronen im Kern sprach auch die Tatsache, dass bei der β-Strahlung Elektronen emittiert werden.

Im Kern selbst sollten Proton-Elektron-Paare vorhanden sein. Aber Rutherford vermutete bereits 1920, dass die Koppelung zwischen Proton und Elektron im Kern ganz anders beschaffen sein müsste als im Wasserstoffatom. Sie sollte so stark sein, dass das Proton-Elektron-Paar ein einziges neutrales Teilchen bildet. Er hielt es nämlich für *wahrscheinlich, daß ein Elektron einen H-Kern binden kann. In diesem Fall folgt daraus die Existenz eines Atoms der Masse 1 und der Kernladung Null.* Er stellte es sich als ein Wasserstoffatom vor, bei dem das Elektron in den Kern gefallen sei. Auch hielt er bereits ein Wasserstoffisotop der Masse zwei für möglich (/32/).

Chadwick berichtet rückblickend: Kurz nach dieser zum ersten Mal geäußerten Vermutung *lud mich Rutherford dazu ein, seine ... Versuche ... mit ihm zusammen fortzusetzen. ... Er betonte die Schwierigkeit, sich den Aufbau komplizierter Kerne vorzustellen, wenn nur ... Protonen und Elektronen zur Verfügung stünden und wies dabei auf die Notwendigkeit des Neutrons hin. ...Diese Idee gab er aber nie auf* (12 Jahre!) *und mich hätte er vollständig überzeugt. In den darauffolgenden Jahren führten wir ... Versuche durch,... dem Neutron auf die Spur zu kommen, auf der Suche nach Fällen, wo es zustande kommt und aus dem Atomkern emittiert wird* (/9/).

19.6 Das Neutron als Kernbestandteil

Durch seine immer wieder geäußerte Vermutung hielt Rutherford die Möglichkeit der Existenz eines dem Proton ähnlichen, aber ungeladenen Teilchens im Atomkern nicht nur im Denken seiner Schüler wach. Den Ausgangspunkt der Entdeckung des Neutrons bildeten Versuche von **Walter Bothe** (1891-1957) und H. Becker an der physikalisch-technischen Reichsanstalt in Berlin 1928-1930. Um die von Rutherford beobachteten und von ihm so genannten Kernzertrümmerungen genauer zu untersuchen, bestrahlten sie Beryllium, Bor und andere leichte Elemente mit energiereichen α-Teilchen. Mit Hilfe elektrischer Zählmethoden stellten sie eine durchdringende Strahlung fest, die sie als Gammastrahlen deuteten. Da deren Energie größer war als die der einfallenden α-Teilchen, musste die Energie aus der Kernzertrümmerung stammen.

Ein Jahr später begannen **Jean Frédérik Joliot** (1900-1958; Abb. 42) und **Irène Joliot-Curie** (1897-1956; Abb. 41) diese Strahlung zu untersuchen. Dabei machten sie Anfang 1932 die erstaunliche Beobachtung, dass die Strahlung aus einer Paraffinschicht Protonen herauszuschlagen vermag. Nachdem sie dieses Ergebnis zunächst mit einer Ionisationskammer erhalten hatten, bestätigten sie es in der Nebelkammer. Bei ihrem Versuch, diesen Vorgang mittels des Comptoneffekts zu erklären, erhielten sie eine ungewöhnlich hohe Energie für die vermeintlich entstehenden Gammaquanten, was sie aber nicht von einer Veröffentlichung abhielt.

Auf die Nachricht davon soll Rutherford zu seinem Schüler Chadwick gesagt haben: *Das kann ich nicht glauben*, und ein italienischer Physiker habe nach dem Lesen des Artikels geäußert: *Welche Narren. Sie haben das neutrale Proton entdeckt und sehen es nicht*. **James Chadwick** (1891-1974; Abb. 43) wiederholte die Versuche, wobei er die austretende Strahlung auch mit Helium und Stickstoff kollidieren ließ. Durch den Vergleich der Rückstoßenergien konnte er 1932 zeigen, dass die Strahlung einen neutralen Bestandteil mit einer Masse von etwa der Protonenmasse haben musste und nannte dieses Teilchen Neutron. Irène Curie und Joliot hatten die Gelegenheit, eine große Entdeckung zu machen, verpasst.

Mit dem Neutron als Kernbestandteil konnte man endlich von dem alten Kernmodell Abschied nehmen. Um ein Elektron im Kernvolumen einzuschließen, wäre ohnehin nach der Unbestimmtheitsrelation ein Potentialtopf mit unmöglich hohen Wänden nötig gewesen. *Die Entdeckung des Neutrons hat ... einem neuen Verständnis des Kerns den Weg bereitet. ... Das Problem des Betazerfalls hat es allerdings nicht gelöst* (E.Segrè).

Abb. 40: Paul Adrien Maurice Dirac    Abb. 41: Irène Joliot-Curie

Abb. 42: Jean Frédéric Joliot    Abb. 43: James Chadwick

20. Beginn der Elementarteilchenphysik

20.1 Schwerer Wasserstoff

Seit etwa 1928 hatte sich das Gefühl ausgebreitet, dass die Physik an einem weiteren Wendepunkt angelangt sei. Man war mit dem sich bisher abzeichnenden Kernmodell nicht zufrieden, auch wenn man bereits den Massendefekt zwischen den vier einzelnen Kernteilchen und dem Heliumkern als Äquivalent zur Bindungsenergie deuten konnte. 1929 sagte Corbino voraus, *daß sich beim Angriff auf den Atomkern viele Möglichkeiten eröffnen werden. ... Deshalb kann die Physik große neue Entdeckungen nur dann erhoffen, wenn es möglich ist, den inneren Kern des Atoms anzugreifen.* Diese Prophezeiung erfüllte sich erstmals mit der Entdeckung des Neutrons.

Wenige Monate danach entwickelten Heisenberg und Iwanenko unabhängig voneinander ein neues Konzept des Kernaufbaus. Bei diesem ging man konsequent davon aus, dass das Neutron ein 'Elementarteilchen' und kein Proton-Elektron-System sei und dass demnach die Atomkerne aus Protonen und Neutronen ohne Mitwirkung von Elektronen aufgebaut sind (/32/). Auch der gegenüber der Einteilung der Teilchenarten in zwei Gruppen (je nach ihrem Spin Fermionen oder Bosonen) vorher aufgetretene Widerspruch fiel hiermit weg. Allerdings konnte damit die bisherige Vorstellung von der Bindung der Teilchen im Kern nicht länger aufrecht erhalten werden.

Einen Tag nach dem Eingang von Chadwicks Artikel ging ein Aufsatz von **Harold Durey** (1893-1980) und Mitarbeitern ein, die ein Isotop des Wasserstoffs aus einem Proton und einem Neutron gefunden hatten. Dem Kern gab man den Namen Deuteron (griech.: das zweite), das Element nannte man Deuterium ($^{2}_{1}H$ bzw. D_2); man spricht vom schweren Wasserstoff. Bereits 1919 hatte O. Stern darauf hingewiesen, dass auch Wasserstoff mit seiner relativen Atommasse von 1,0079 eine Isotopenmischung sein könnte. Da das Isotop des Wasserstoffs von etwa doppelter Masse nur mit der Konzentration von 0,014 % im natürlichen Wasserstoff enthalten ist, konnte es sich lange dem Nachweis entziehen. Urey und seine Chemikerkollegen reicherten das seltene Isotop an und konnten schließlich die Anwesenheit von Deuterium spektroskopisch nachweisen.

Deuterium und das weitere Wasserstoffisotop Tritium ($^{3}_{1}H$ bzw. T_3) haben praktisch die doppelte bzw. dreifache Masse gegenüber dem einfachen Wasserstoff, wodurch sich ihre Verbindungen chemisch merklich verschieden verhalten, im Gegensatz zu Isotopen anderer Elemente. Das bedeutet, dass diese Eigenschaften eben doch nicht nur von der Elektronenhülle abhängen.

20.2 Beta-Umwandlung

Neben den α-Teilchen dienten auch die Teilchen der β-Strahlung als Projektile zur Erforschung der Atome. Schon bei ihrer Identifizierung als Elektronen zeigte sich eine viel geringere Ionisierungsdichte durchstrahlter Materie und damit eine wesentlich größere Reichweite als der von α-Strahlen. Dabei ist die Ionisationsenergie zur Bildung eines Ion-Elektron-Paares für beide Strahlenarten fast gleichgroß (in Luft ≈ 34 eV). Bei ihren Messungen der spezifischen Ladung des Elektrons stellten Bucherer 1909 und Kaufmann 1910 eine (relativistisch erklärbare) Zunahme seiner Masse mit wachsender Geschwindigkeit fest. Bis in die dreißiger Jahre erfolgte eine Vielzahl von e/m-Bestimmungen (F. Kirchner, Busch).- Bei der Durchstrahlung dünner Metallfolien verringert sich die Zahl der unabgelenkt austretenden Elektronen mit zunehmender Schichtdicke nach demselben Exponentialgesetz wie es beim Zerfall radioaktiver Kerne mit wachsender Zeit der Fall ist.

Schwierigkeiten machte lange Zeit die Erklärung des Geschwindigkeitsspektrums der emittierten β-Teilchen. Während Atomkerne desselben Nuklids Alphateilchen gleicher Geschwindigkeit (gleiche Reichweite im 'Pinsel' des Nebelkammerbildes) aussenden, besitzen die β-Elektronen alle möglichen Geschwindigkeiten bzw. Energien zwischen null und einem vom Strahler abhängigen Höchstwert (kontinuierliches β-Spektrum). Da die Energiedifferenzen nicht von den entstehenden Tochterkernen aufgenommen werden, bleibt nur die Erklärung, dass zuammen mit der Emission der langsamen β-Elektronen vom Mutterkern Energie in Form von Teilchen abgegeben wird, die bis dahin nicht beobachtet werden konnten.
Deshalb stellte Pauli 1930 folgende Hypothese für ein solches Teilchen auf, dem man bald den Namen Neutrino (= kleines Neutron; Fermi) gab: Es sei elektrisch neutral, bewege sich mit Lichtgeschwindigkeit, habe also keine Ruhemasse. Im Gegensatz zum Licht komme ihm aber kein elektromagnetisches Wellenfeld zu, so dass es keinerlei Wechselwirkung mit der getroffenen Materie ausübt und deshalb nicht zu beobachten ist. Diese Neutrinohypothese wurde unterstützt durch Messungen des Kernrückstoßes, der viel stärker ist als er bei alleiniger Aussendung des Elektrons wäre.

1933/34 entwickelte Fermi eine Theorie des β-Zerfalls: Das Elektron entsteht erst im Kern durch die Umwandlung eines Neutrons in ein Proton; das Elektron ist also kein Kernbaustein. Dazu musste Fermi eine neue (später: 'schwache') Wechselwirkung einführen. Fermis Theorie erklärt die Form des Betaspektrums und die mittlere Lebensdauer des Betazerfalls. Freie Neutrinos konnten erst 1956 nachgewiesen werden.

20.3 Die Höhenstrahlung und das Positron

Bei Freiballonfahrten, mit denen eigentlich die Abnahme der radioaktiven Erdstrahlung untersucht werden sollte, entdeckte V. F. Hess (1883-1964) 1912 die kosmische oder Höhenstrahlung. Seine Messungen und die von Kohlhörster wurden mit Hilfe der Ionisationskammer durchgeführt. Erst genauere Untersuchungen mit dem Zählrohr (ab 1928) brachten die letzte Gewissheit, dass es sich um eine durchdringende Korpuskularstrahlung aus dem Weltall handelt, deren Komponenten beim Durchgang durch die Erdatmosphäre geschwächt und vom Magnetfeld der Erde abgelenkt werden. Durch Benutzung der Nebelkammer (Skobelzyn 1929) ließen sich in einem Magnetfeld einzelne Teilchen bei ihrem Durchgang durch eine Bleiplatte verfolgen. Später legten Regener und Schopper in großen Höhen Fotoplatten aus, quasi als Nebelkammern mit langer Belichtungszeit. Die sensibilisierte Emulsion einiger weniger dieser Kernspurplatten zeigten 'Sterne' von Kernreaktionen, ausgelöst durch die Höhenstrahlung.

Auch R. A. Millikan (1868-1953) hat die Höhenstrahlung untersucht. Sein Schüler C. D.Anderson (1905-1991) stattete 1930 die Nebelkammer mit einem Magnetfeld und mit Metallplatten (z.B. aus Blei) aus, durch welche die zu beobachtenden Teilchen hindurchlaufen mussten. So konnte er gleichzeitig ihre magnetische Ablenkung und ihr Verhalten vor und nach dem Durchgang durch die Platte studieren, wodurch sich auch die Flugrichtung der Teilchen festlegen ließ.
1932, im 'Wunderjahr' der Physik, entdeckte er ein leichtes Teilchen, das nach seiner Bahnkrümmung positiv sein musste. Ein Proton schied wegen der starken Krümmung aus; es hätte auch die Platte nicht durchdringen können. Anderson identifizierte es eindeutig als positives Elektron; mithin als das Positron, das Dirac 1929 in seiner Löchertheorie als Antiteilchen zum Elektron gefordert hatte. Auch die Joliot-Curies hatten bereits vorher Positronenspuren in der Nebelkammer gesehen, sie jedoch falsch gedeutet, wodurch ihnen nach dem Neutron eine weitere Entdeckung entgangen ist.

Sie bemühten sich um die Erklärung eines anderen Effekts. 1932/33 hatten Blackett und Occhialini in der Nebelkammer von kosmischer Strahlung ausgelöste Teilchenschauer beobachtet, die sich als Prozesse der Erzeugung bzw. Vernichtung eines Elektron-Positron-Paares deuten ließen. 1933 demonstrierten die Joliot-Curies, dass harte γ-Strahlung Elektron-Positron-Paare erzeugt (Materialisation), wenn das γ-Quant in das starke Feld eines Atomkerns gerät. Dieser gewährleistet als 'Rückstoßkern' die Erhaltung des Impulses.. Den umgekehrten Vorgang der Paarvernichtung (Materiezerstrahlung) entdeckten 1933 Thibeaud und F. Joliot.

20.4 Künstliche Kernumwandlungen

Bei der Nominierung zum Nobelpreis soll Rutherford gefordert haben: *Für das Neutron Chadwick allein. Die Joliots sind so geschickt, dass sie ihn bald für etwas anderes bekommen werden.* Diese Voraussage erfüllte sich 1934 durch ihre Arbeiten zur künstlichen Radioaktivität. Auf dem Solvay-Kongreß 1933 hatten I. Curie und Joliot davon gesprochen, dass manche Substanzen unter α-Beschuß ein kontinuierliches Positronenspektrum aussenden. 1934 berichteten sie über ihre Versuche: *Wenn eine Aluminiumfolie auf einem Poloniumpräparat bestrahlt wird, hört die Emission von Positronen nicht sofort nach Wegnahme des aktiven Präparates auf. Die Folie bleibt radioaktiv und die Emission von Strahlen nimmt exponentiell wie bei einem gewöhnlichen* (= natürlichen) *Radioelement ab* (nach Segrè). Derselbe Effekt zeigte sich bei Bor und Magnesium. Die künstlich erzeugten β^+-Strahler enthalten bei ihrer Entstehung mehr Protonen, als einem stabilen Kernzustand entspricht. Sie gehen dann unter Positronenstrahlung in einen stabilen Zustand über. Auch hier sorgt ein zusätzlich emittiertes Neutrino für die Erhaltung des Impulses und des Spins.

Rutherford hatte 1919 durch α-Beschuß von Stickstoff Kerne eines stabilen Sauerstoffisotops erhalten. Dabei lagert sich zunächst das α-Teilchen an den beschossenen Stickstoffkern an. Dieser instabile Zwischenkern stößt dann ein Proton aus. Außer diesem (α,p)-Prozeß und dem (α,n)-Prozeß der Joliots hat man eine Fülle solcher künstlichen Kernumwandlungen entdeckt. Damit war es *möglich, mit Hilfe einer äußeren Ursache die Radioaktivität gewisser Atomkerne hervorzurufen, die auch in Abwesenheit der erregenden Ursache noch eine meßbare Zeit anhielt* (Joliot-Curie /32/).

Mit den künstlich radioaktiven Nukliden standen den Kernphysikern neben den Präparaten aus den Zerfallsreihen weitere Strahler mit meist größerer Energie ihrer Geschosse, und zum ersten Mal Neutronenstrahler zur Untersuchung der Atomkerne zur Verfügung. Außerdem brachte man geladene Teilchen vor ihrem Zusammenstoß mit den Kernen (im Target = Schießscheibe) auf höhere Geschwindigkeiten bzw. Energieen. Mit beschleunigten Protonen gelang **Cockcroft** und **Walton** 1932 die Umwandlung von Lithium in Helium. Die hohe Beschleunigungsspannung wurde durch den Zusammenbau elektrischer Schaltelemente zu 'Generatoren' (**Greinacher** 1920; **van de Graaff** 1931) erzeugt. Nach dem ersten Kreisbeschleuniger (Zyklotron; **Lawrence** 1932) wurden immer umfangreichere und leistungsfähigere Maschinen gebaut, die auch die Erzeugung und Erforschung bisher unbekannter Elementarteilchen ermöglichten (Hochenergiephysik).

21. Zur Entwicklung nichtklassischer Theorien

21.1 Theorien zum Photoeffekt (1902-1929)

Während seiner Bonner Zeit hatte Lenard die Entdeckung des lichtelektrischen Effekts durch Hertz und Hallwachs miterlebt, den er 1902-1904 untersuchte (S.57). Während er für die hierbei durch Licht ausgelösten Elektronen eine Anfangsenergie von etwa 2-3 eV ermittelte, berücksichtigte er kaum den Einfluß der *erregenden Lichtart*, insbesondere nicht deren Frequenz. Es handele sich um einen Resonanzvorgang zwischen Licht und den im Atom schwingungsfähigen Elektronen. Da die kinetische Energie nicht von wenigen Schwingungen stammen kann (unmittelbare Auslösung des Effekts), müsse diese aus dem bestrahlten Festkörper kommen; das Licht habe nur auslösende Wirkung.

Durch statistische Überlegungen (S.81) stieß Einstein auf die Lichtquantenhypothese (S.58), wobei er vorsichtig formulierte, dass die Energie des Lichts *aus einer endlichen Zahl von in Raumpunkten lokalisierten Energiequanten* zusammengesetzt vorstellbar sei. Er erkannte als erster den Einfluss der Strahlungsfrequenz und stellte für den Photoeffekt trotz der unsicheren Messwerte Lenards eine Gleichung in Form einer Energiebilanz auf.

Ebenfalls aus dem Licht und nicht aus den Atomen der Fotokathode stammt die kinetische Energie der Elektronen bei der Theorie von Debye und Sommerfeld (1913). Im Gegensatz zu Einstein halten sie aber an der Maxwellschen Strahlungstheorie fest und können die Einsteinsche Gleichung aus ihrem Modell herleiten, ohne dabei *über die Struktur der Strahlung neue Voraussetzungen zu machen*. Das Elektron soll nach Anhäufen einer bestimmten Strahlungsenergie aus dem Atomverband gelöst werden.

Ebenso nimmt auch die Semiklassische Theorie (Wentzel 1929) keine Quantisierung der Strahlung vor. Sie wählt den entgegengestzten Weg zur Erklärung des Photoeffekts: Man belässt es bei der klassischen Wellenstrahlung, die jetzt aber auf quantenmechanisch beschriebene Elektronen wirkt. Dies führt zu 'Übergängen' zwischen ihren möglichen Zuständen (/37/). Damit ist der lichtelektrische Effekt, ebenso wie der Comptoneffekt zwar immer noch ein starkes Indiz, aber kein Beweis für die Existenz von Photonen. Diese Gleichwertigkeit der Wechselwirkung zwischen Strahlung und Materie zusammen mit der Wellenvorstellung des Elektrons findet sich in der übergeordneten Theorie der Quantenmechanik, der späteren Quantenelektrodynamik wieder.

21.2 Bohr und die Quantentheorie (seit 1915)

Das Kombinationsprinzip der Spektren (Ritz 1908) wurde als noch nicht verstandene Erfahrungstatsache hingenommen und die von Bohr 1913 geforderte Gleichung zwischen der Strahlungsfrequenz und der abgegebenen Energie blieb so rätselhaft wie bei Planck und Einstein. Man besaß mit dem Bohrschen Modell des H-Atoms lediglich ein Rezept zur Berechnung der Energien der stationären Zustände. Bohr konnte aber zeigen, dass bei sehr großen Quantenzahlen die neue Atomdynamik in die klassische Physik einmündet. Die sich dabei ergebenden Grenzwerte für die Frequenzen stimmen mit den Werten des klassischen Atoms überein. Dieses Korrespondenzprinzip führte bereits auf zwei Quantenzahlen für den Energieterm. Wenn es auch von Sommerfeld nicht benutzt wurde, lag die Weiterentwicklung des Atommodells doch auf Bohrs Linie, das Erfahrungsmaterial der Spektren auszuschöpfen. Auch eine Verschärfung des Korrespondenzprinzips durch Heisenberg war die konsequente Weiterführung der frühen Ansätze Bohrs und geschah ganz im Bohrschen Geiste. Der physikalische Sinn der Theorie war jedoch noch unklar (/39/).

Während Heisenberg dem Partikelaspekt verhaftet blieb, sah Bohr den Wellen- oder Feldaspekt als gleichwertigen Ausgangspunkt an. Die Begriffe des Wellen- und des Teilchenaspekts schränken sich gegenseitig ein, und sie ergänzen einander. Sie stehen im Verhältnis der Komplementarität: *Die Quantenmechanik ist eine unanschauliche Abänderung der klassischen Punktmechanik; die Abänderung geht gerade soweit, daß die Materiewelle denkmöglich wird. Die gleiche Quantenmechanik ist eine unanschauliche Abänderung einer anschaulichen Wellen- oder Feldtheorie der Materie, gerade soweit, daß Partikel denkmöglich werden* (/39/).

1936-1943 beschäftigte Bohr sich mit Fragen der Kernphysik. Er entwickelte (nach Vorgaben von Gamow, v.Weizsäcker und Bethe) das Tröpfchenmodell des Atomkerns sowie eine Theorie der von Otto Hahn und Fritz Straßmann 1938 entdeckten Kernspaltung (Born und Frisch 1939). Bohr zeigte, dass auch in der Biologie und Philosophie das Deutungsprinzip der Komplementarität zur Erfassung bestimmter Sachverhalte angewandt wird.

Bohr hat einen ganz besonderen und ihm eigentümlichen Weg zur neuen Physik des atomaren Bereichs gefunden und das von ihm und anderen Erreichte deutlich als eine neue Stufe der Naturerkenntnis erfaßt und eindringlich dargelegt. Damit hat er in den fünfzehn Jahren von 1913 bis etwa 1928 den Hauptstrom der Quantentheorie gelenkt und dann die philosophische Analyse der neuen Denkstufe eröffnet (/39/).

21.3 Quantenmechanik und Relativitätstheorie (ab 1928)

Ungeachtet des großen Erfolges der Schrödingergleichung war klar, dass diese Version der Quantenmechanik nicht für sehr schnelle Teilchen gelten konnte. Auch musste der Spin des Elektrons nachträglich in die Theorie eingebaut und dieser gewissermaßen übergestülpt werden, was man als unbefriedigend empfand. Was man brauchte, war eine relativistische Gleichung. Eine solche Gleichung legte 1928 Dirac vor.

Sie lieferte nicht nur den Spin, sondern auch die relativistische Impuls-Energie-Beziehung $E = \pm\sqrt{(p^2c^2 + m_0^2c^4)}$, nach der zu jedem Impuls je ein positiver und negativer Wert der zugehörigen Energie gehört. Wegen ihrer minimalen Energie und gemäß dem Pauliprinzip (S. 78) sind alle Niveaus negativer Energie mit Elektronen besetzt. Sie sind nicht nachweisbar, da sich ihre Wirkungen in der Dirac-Unterwelt allseitig ausgleichen. Wird aber ein solches Elektron z.B. durch ein γ-Quant angeregt, tritt es als gewöhnliches Elektron positiver Energie in Erscheinung. Das im 'Diracsee' zurückbleibende 'Loch' verhält sich wie ein Teilchen mit positiver Ladung (+e) und Energie ('positives Elektron'). Mit dem Nachweis der Existenz solcher Positronen fand 1932 die Diracsche Löchertheorie sowie die Paarerzeugung (S. 102) ihre zwanglose Erklärung. *Diracs großes Verdienst war es, diese offensichtlich unerwünschten* (negativen) *Lösungen* (der Diracgleichung) *ernst zu nehmen; durch seine geniale Interpretation negativer Energien bereitete er der theoretischen Physik einen großen Triumph* (/38/).

Mit diesem an Teilchen mit halbzahligem Spin (Fermionen) eingeführten Bild kam aber die relativistische Quantenmechanik nicht zum Abschluss. Das Besondere an ihr war die auf Einsteins spezieller Relativitätstheorie beruhende Möglichkeit der Umwandlung von Strahlung in Materie, wodurch sich die Gesamtzahl der Teilchen in einem Quantensystem ändern kann. Man entwickelte deshalb in den weiteren Jahren Quantentheorien mit variabler Teilchenzahl, die Prozesse wie Erzeugung und Vernichtung von Teilchen zulassen, vgl. den Elementarprozess beim Comptoneffekt (S.83).

So lässt sich z.B. mit der Quantenelektrodynamik der Landé- oder g-Faktor für das Elektron, der sich als doppelt so groß wie nach der klassischen Elektrodynamik (etwa 2 statt 1) ergeben hatte, auf elf gültige Stellen berechnen, was mit dem heutigen Messwert voll übereinstimmt. Durch die Einführung der Feynmandiagramme wurde später ein leicht eingängiger, bildhafter Zugang zur Quantenelektrodynamik eröffnet (s. /38/, S. 181-185).

21.4 Objektivierbarkeit und Messprozess

Mikroobjekte offenbaren beim gleichen Nachweisexperiment nie sowohl ihren Teilchen- als auch ihren Wellencharakter, jedenfalls nicht gleichzeitig. In der Mikrophysik lässt sich stets nur die _eine_ Eigenschaft eines Objekts bzw. die _eine_ Seite einer Erscheinung erfassen. Die Existenz der anderen Seite bleibt dabei völlig offen. Existiert sie trotzdem, so wie man in der klassischen Physik davon überzeugt ist, dass die Eigenschaften einem Objekt zukommen und dieses Objekte real existiert, auch wenn man es im Augenblick nicht nachweist? Wenn ja, setzt man voraus, das diese Dinge nicht von unseren Messungen abhängen, sondern dass ihre Merkmale auch ohne Nachweis vorhanden sind (vgl. Kants 'Ding an sich'). Diese Auffassung ist in der Quantenphysik nicht haltbar. Will man etwas über Objekte in der Mikrophysik aussagen, so muss man sie einem Messprozess unterwerfen.

Von der Wechselwirkung der Messapparatur mit dem Objekt bleibt dieses nicht unbeeinflusst. Da das Ausmaß dieses Einflusses nicht bekannt ist, kann er auch nicht kompensiert werden wie z.b. bei Messungen mit elektrischen Messinstrumenten. In der Mikrophysik bildet das Beobachtungsinstrument ein Teilsystem, dessen Wechselwirkung mit dem Objektsystem bei der Angabe von Messergebnissen berücksichtigt werden muss.
Diese Messungen werden zwar mit Begriffen beschrieben, die der klassischen Physik entstammen, ebenso wie die Messgeräte selbst. Die Beschreibung der Ergebnisse macht aber keine 'objektiven' Aussagen über eine 'reale Wirklichkeit' des Mikroobjekts. Eine solche Realität im Sinne der klassischen Physik wird gerade durch die in der Quantenphysik zu berücksichtigende Rolle des beobachtenden Subjekts, sei es das Messinstrument oder der Experimentator, unmöglich. _Die Physik vermittelt uns nicht ein Bild der Natur selbst, sondern ein Bild unserer Kenntnis von der Natur._ Ähnlich wie in der Relativitätstheorie _kann man in der Atomphysik Nutzen ziehen aus den ... philosophischen Diskussionen ... über die Probleme von Raum und Zeit, ... die mit der Trennung der Welt in Subjekt und Objekt verbunden sind_ (W.Heisenberg, einschließlich Tabelle /40/, S.49).

Klassische Theorie	Quantentheorie		
	Entweder	Oder	
Raum-Zeit-beschreibung Kausalität	Raum-Zeit-beschreibung Unbestimmtheits-relationen	_Statistische Zusammenhänge_	Mathematisches Schema nicht in Raum und Zeit. Kausalität

21.5 Abschluss oder Entwicklung der Quantenmechanik?

Bei einem Rückblick auf die Entwicklung der Quantentheorie von 1900 bis etwa 1930 lassen sich zwei Zeitabschnitte erkennen: Die erste halbklassische Periode mit Planck (ab 1900), Einstein (ab 1905), Bohr (ab 1913) und Sommerfeld, sowie die Quantenmechanik ab 1923 mit de Broglie, Heisenberg, Schrödinger, Born, Debye, Dirac, Pauli und anderen. Der Übergang zwischen beiden Perioden, und damit vom halbklassischen zum quantenmechanischen Atommodell, ähnelt der Abkehr vom geozentrischen Planetensystem des Ptolemäus. Wie bei diesem zu Zeiten Kopernikus' und Keplers, waren beim halbklassischen Atommodell die Erklärungsmöglichkeiten zu Beginn der zwanziger Jahre des 20. Jahrhunderts ausgereizt. Auch hatte der Comptoneffekt 1923 neue Einsichten gebracht.

Am Übergang zur zweiten waren auch Forscher der ersten Periode beteiligt. Sommerfeld erweiterte sein Standardwerk 1927 auf die Erfordernisse der neuen Theorie hin durch den wellenmechanischen Ergänzungsband, der ab der 5.Auflage als zweiter Band von „Atombau und Spektrallinien" erschien. Gleichwohl bemerkt er hierzu: *Es ist klar, daß ein Verständnis der neuen Theorie nur auf Grundlage der älteren Theorie möglich ist.*

Inzwischen hatten sich zwei Lager gebildet, die über die Deutung der Quantenmechanik heftig stritten. Pauli schrieb 1952 an Born: *Entgegen allen rückschrittlichen Bemühungen (Schrödinger ... und in gewissem Sinne auch Einstein) bin ich gewiß, daß der statistische Charakter der ψ-Funktion und damit der Naturgesetze - auf dem Sie von Anfang an gegen Schrödingers Widerstand bestanden haben - den Stil der Gesetze wenigstens für einige Jahrhunderte bestimmen wird ... Von einem Weg zurück zu träumen ... zum klassischen Stil von Newton-Maxwell (und es sind nur Träume, denen sich diese Herrschaften hingeben) scheint mir hoffnungslos abwegig (/41/).*

Dagegen schätzte Dirac noch 1972 die Tragfähigkeit des Theoriegebäudes trotz seiner Weiterentwicklung seit 1930 skeptisch ein: *Mir scheint, es liegt auf der Hand, daß wir die fundamentalen Gesetze der Quantenmechanik noch nicht kennen. Die heute von uns benutzten Gesetze werden einige wichtige Veränderungen erfahren müssen, bevor wir eine relativistische Theorie haben werden. Es ist sehr wahrscheinlich, daß diese Wandlung von der heutigen Quantenmechanik zur relativistischen Quantenmechanik der Zukunft ebenso drastisch sein wird wie der Übergang von der Bohrschen Bahntheorie zur heutigen Quantenmechanik. Nehmen wir eine solche drastische Änderung vor, so dürften sich natürlich gleichwohl auch unsere Vorstellungen von der physikalischen Interpretation der Theorie mit ihren statistischen Berechnungen modifizieren* (Segrè, S. 644).

Literatur

Literatur, aus der mehrfach zitiert wird

Friedrich Hund: Geschichte der Quantentheorie. 2.Aufl., BI-Wissenschaftsverlag, Mannheim/Wien/Zürich 1975 (zitiert: F.Hund)

Max von Laue: Geschichte der Physik. Universitätsverlag, Bonn 1946, (zitiert: M.v.Laue)

Emilio Segrè: Die großen Physiker und ihre Entdeckungen, Band 1 und 2, Pieper, München u. Zürich 1986/1981 (zitiert: E.Segrè)

/1/ *Ph.Lenard:* Große Naturforscher. Eine Geschichte der Naturforschung in Lebensbeschreibungen, J.F.Lehmanns Verlag, München 1937

/2/ *P.Walden:* Geschichte der Chemie, Universitätsverlag, Bonn 1947, S.56

/3/ *G.Simon:* Kleine Geschichte der Chemie (PRAXIS Schriftenreihe Chemie, Band 35), Aulis Verlag Deubner & Co, Köln 1981, S.61

/4/ *Ch.Schönbeck* (Hrsg.): Atomvorstellungen im 19.Jahrhundert, F. Schöningh, Paderborn 1982; darin /5/ *C.Priestner* und /6/ *Ch.Schönbeck*

/7/ *A.Höfler:* Physik, Vieweg und Sohn, Braunschweig 1904

/8/ *W.Nernst:* Theoretische Chemie - vom Standpunkt der Avogadroschen Regel und der Thermodynamik, 11.-15.Aufl., F. Enke, Stuttgart 1926

/9/ *K.Simonyi:* Kulturgeschichte der Physik, Harry Deutsch, Frankfurt 1990

/10/ *Sir E.Whittacker:* Der Anfang und das Ende der Welt. Die Dogmen und die Naturgesetze, Günther-Verlag, Stuttgart 1955

/11/ *K.Hentschel:* Die Entdeckung des Zeeman-Effekts, Phys.Bl. Nr.12/96

/12/ *H.Kant:* Betrachtungen zur Frühgeschichte der Kernphysik. Vor 100 Jahren wurde die Radioaktivität entdeckt Phys.Bl. 52 (1996), Nr.3; sowie nach /9/, /15/ und Segrè

/13/ *Grimsels* Lehrbuch der Physik, Band II, Teil 2, Materie und Äther, 8.Aufl. (neubearbeitet von R.Tomaschek), Teubner, Leipzig 1938

/14/ *W.Kuhn; J.Seibert:* Ernest Rutherford und seine großen Entdeckungen, PdN-Ph 6/1981, S.161-166

/15/ *A.Hermann:* Lexikon Geschichte der Physik A-Z; und Lexikon der Schulphysik, Band 7/8, Aulis Verlag Deubner & Co, Köln 1972 u.1978

/16/ *A.Haas:* Materiewellen und Quantenmechanik, 3.Aufl., Akademische Verlagsgesellschaft, Leipzig 1930

/17/ *L.Grätz:* Alte Vorstellungen und neue Tatsachen der Physik, AVG, Leipzig 1925

/18/ *G.Simonsohn:* Der photoelektrische Effekt. DPG, Fachausschuß Didaktik der Physik, Gießen 1979, Tagungsband S.10-24

/19/ *F.Hund:* Die Rolle der Atomspektren beim Werden der Quantenmechanik, MNU 29(1976), S.285-289

/20/ *N.Bohr:* On the constitution of atoms and moleculs I (1913), übersetzt in: D.ter Haar: Quantentheorie, Akademie Verlag Berlin 1969, S.167-200

/21/ *G.Hertz:* J.Franck + 21.5.1964, Annalen der Physik Bd.15, 1965, 1- 4; zitiert nach /22/

/22/ *A.Hermann:* Die Elektronenstoßversuche von Franck u. Hertz, Band 9 der Dokumente der Naturwissenschaft, Battenberg, München 1967

/23/ *J.Franck, G.Hertz:* Über Kinetik von Elektronen in Gasen, Physik.Zeitschr.XVII, 1916, S.53-69

/24/ *J.Stark:* Zur experimentellen Entscheidung zwischen Ätherwellen- und Lichtquantenhypothese, Physik.Zeitschr.X, 1909, S. 914

/25/ *J.Franck, G.Hertz:* Über Zusammenstöße zwischen Elektronen und den Molekülen des Quecksilberdampfes und die Ionisierung desselben, Verhandlungen der DPG 16, 1914, S. 457

/26/ *J.Franck, G.Hertz:* Über die Erregung der Quecksilberresonanzlinie 253,6µµ durch Elektronenstöße, Verhandlungen der DPG 16, 1914, S. 512

/27/ *G.Hertz:* Die Bedeutung der Planckschen Quantentheorie für die experimentelle Physik. In: Max Planck zum Gedenken, Berlin 1959

/28/ G.L.Trigg: Experimente der modernen Physik, Facetten der Physik,
Vieweg, Braunschweig 1984

/29/ J.Franck, G.Hertz: Die Bestätigung der Bohrschen Atomtheorie im
optischen Spektrum durch Untersuchungen der unelastischen Zusammenstöße langsamer Elektronen mit Gasmolekülen, Phys. Zeitschr. XX, 1919

/30/ R.Erb; W.Kuhn; J.Seibert: Bohrsches Atommodell und Franck-Hertz-Versuch, PdN-Ph 6/34, Jahrgang 1985, S.10-12

/31/ A.Hermann (Hrsg.): A.Einstein/A.Sommerfeld, Briefwechsel
Schwabe & Co Verlag, Basel/Stuttgart 1968

/32/ W.Schreier u.a.: Geschichte der Physik. Ein Abriß. Deutscher Verlag
der Wissenschaften, 2.Aufl. Berlin 1991

/33/ L.de Broglie: Licht und Materie. Ergebnisse der neuen Physik.
Goverts Verlag, Hamburg 1941

/34/ K.Przibram (Hrsg): Schrödinger ... Briefe zur Wellenmechanik,
Springer-Verlag, Wien 1963

/35/ W.Rietzler: Einführung in die Kernphysik, 3.Auflage, BI, Leipzig 1944

/36/ W.Heisenberg: Die Physik des Atomkerns, (Die Wissenschaft
Band 100), Vieweg u.Sohn, Braunschweig 1947

/37/ H.Niedderer: Unterschiedliche Interpretationen des Fotoeffekts - eine
historisch-wissenschaftstheoretische Fallstudie, PU 2/1982, S.39-46

/38/ T.Hey, P.Walters:Das Quantenuniversum: Die Welt der Wellen und
Teilchen, Spektrum, Akad.Verlag, 1998

/39/ F.Hund: Nils Bohr (1885-1962). Korrespondenzprinzip und Komplementarität - Bohrs Weg zur Atomdynamik, Phys.Bl. 41(1985) Nr.9

/40/ W.Heisenberg: Die physikalischen Prinzipien der Quantentheorie,
4.Aufl., S.Hirzel, Leipzig 1944

/41/ M.Born: Physik im Wandel meiner Zeit (Die Wissenschaft Band 111);
Vieweg, Braunschweig 1966, S. 144

Didaktische Literatur (Stand: 1999)

Sammelwerke mit mehreren Artikeln.Diese Quelle wird bei einem aus ihr aufgeführten Artikel mit (I), (II), (III), (IV) bzw. (V) gekennzeichnet.

I. Atommodelle, Heft 3/1969 Der Physikunterricht (PU), Klett (Aulis)

II. Radioaktivität und Kernstruktur, PU 3/1970, Klett(Aulis)

III. Atommodelle im naturwissenschaftlichen Unterricht, Bd.1 (Hrsg.: J.Weninger, H.Brünger). Berichte über eine IPN-Arbeitstagung, Beltz, Weinheim u. Basel 1976

IV. Atomkerne I und II (Hrsg.: G.Becker-Bender), PU 2/72 und 3/74 (Aulis)

V. *D. ter Haar* (Hrsg.): Quantentheorie (WTB Band 56). Einführung und Originaltexte, Akademie-Verlag, Berlin 1969

Originalarbeiten Mit Ausnahme von diesen handelt es sich im folgenden um didaktisch-methodische Artikel zu dem betreffenden Unterthema.

Marie S.Curie: Untersuchungen über die radioaktiven Substanzen.(II) S.5-18
Die Theorie der radioaktiven Umwandlungen,(II), S.19-34

Nils Bohr: Über den Aufbau der Atome und Moleküle I (1913).
(V) S.167-200

Albert Einstein: Über einen die Erzeugung und Verwandlung des Lichts betreffenden heuristischen Gesichtspunkt(1905). (V) S.118-138

Max Planck: Zur Theorie des Gesetzes der Energieverteilung im Normalspektrum. (Vorgetragen in der Sitzung vom 14.Dezember 1900 in Berlin). (V) S.107-117

Ernest Rutherford: Über die Kernstruktur der Atome. (II) S.35-64
Streuung von α- und β-Teilchen an Materie und Atombau.
Übers.nach Phil.Mag.21(1911)669. (V) S.139-166

Joseph John Thomson: Die Anordnung der Korpuskeln im Atom; **und:** Über die Anzahl der Korpuskeln im Atom. 6. und 7.Kapitel, **aus:** 'Die Korpuskulartheorie der Materie'(Nachdruck 1908). (I) S.58-89

Geschichte und Wissenschaftstheorie

H.G.B.Casimir: Als Demokrits Ideen Realität wurden, Phys.Bl.35(1980),S.7
M.Hedenus: Eugen Goldstein und die Kathodenstrahlen....der Entdecker der
„Kanalstrahlen". Ph.Bl.56(2000), S.71
G.Hildebrandt: 75 Jahre Röntgenstrahl-Interferenzen in Kristallen,
Phys.Bl.43 (1987) Nr.11, S.430-432
U.Hoyer: Bohrs Weg zur Atomtheorie, Phys.Bl.38(1982), S.345-348
F.Hund: Zugänge zur Quantentheorie in historischer Sicht, PU 4/82, S.6-14
W.Kaiser: 100 Jahre Elektron - oder: Die Vielschichtigkeit eines physikalischen Entwicklungsprozesses, Phys.Bl.53(1997) Nr.9, S.855-859
H.Kallmann: Von den Anfängen der Quantentheorie. Eine persönliche
Rückschau. Phys.Bl.22(1966), S.489-500
W.Kuhn: Entwicklung der Atomvorstellungen in der Zeit von 1900 bis1920,
PdN-Ph.2/92 bis 5/92.- Teil 1: Perrin, Lenard, Nagaoka, Ritz, Nicholson.- Teil2: W.Thomson, Rutherford.- Teil 3: Stark, Haas, Bohr.-
Teil 4: J.J.Thomson, Langmuir
W.Kuhn: Max Planck (Geschichte der Physik). PdN-Ph.3/30 (1981),S.89-91
W.Neundorf: Zur Dominanz der Elektrodynamik bei der Erarbeitung der
Quantenphysik. DPG-Fachverband „Didaktik der Physik", Dresden 2000
H.Schlichting: 100 Jahre Quantenphysik - im Spiegel der Literatur. DPG-
Fachverband „Didaktik der Physik", Dresden 2000, Tagungs-CD
H.-W.Schütt: Die geschichtliche Entwicklung der klass. Atommodelle, (III)
J.Seibert Die Entwicklung der Atommodelle von 1900 bis zu den Anfängen
der Quantenmechanik; Heft 33 des Fördervereins MNU 1985, S.101-124
F.Spieweck: Das Plancksche Wirkungsquantum h - Schlüssel zum Verständnis der Physik des 20.Jahrhunderts, MNU 45(1992), S.273
E.Göbel: Über die Struktur der PlanckschenKonstanten,MNU24(1971)S135

Allgemeine didaktische Ausführungen

J.Lühl: Die Atomtheorie und ihre gesellschaftlichen una philosophischen
Hintergründe im Unterricht, PdN-Ch. 48(1999) Nr.4
H.Naumer: Atommodelle - ihre genetische Entwicklung. (I) S.13-33
Die Genese der Atommodelle u. deren Einführung im Unterricht. (III)
Gedanken und Vorschläge zur Didaktik. (I) S.34-42 u.PU 3/69, S.34
H.Niedderer: Lernprozesse in der Atomphysik. DPG-Fachverband
„Didaktik der Physik", Dresden 2000, Tagungs-CD
Petri; Niedderer: Die Rolle des Weltbildes beim Lernen von Atomphysik.
Zeitschrift für Didaktik der Naturwissenschaften 4(1998) Nr.2
J.Weninger: Didaktische und semantische Probleme bei der Einführung der
Atomhypothese und der Kern-Elektron-Hypothese. (III) S.35-55

Atomhypothesen. Frühe Atommodelle (auch für den Chemieunterricht)

H.Bauer: Das Dalton-Modell in der Chemie und im naturwissenschaftlichen Unterricht, PU 16(1982), Heft 1, S.23-34.
H.Stork: Zur Förderung des Wertebewußtseins im Physik- und Chemieunterricht,Teil 2, MNU 43(1990); (darin S.195: Daltons Modell)
R.Fladt: Ein Hilfsmittel zur Veranschaulichung des Avogadroschen Gesetzes, MNU 16(1963/64), S.366
H.Fricke: Bestätigung der Theorie von Avogadro, MNU (1963/64),S.367
W.Seidel: Ein Weg zum Avogadroschen Gesetz, MNU 23(1970), S.100

R.Fladt: Die erste chemische Atomvorstellung in der Geschichte der Chemie und im heutigen Chemieunterricht, MNU 27(1974), S.205
W.Flörke: Zur Entstehungsgeschichte der Elemente, MNU 23(1970), S.137
Ein neuer Zugang zum Atombegriff im einführenden Chemiunterricht MNU 19(1966/67), S.24.- *W.Kern:* Grundlegende Versuche zur chemischen Atomistik, Aulis Verlag Deubner & Co, Köln 1971, 71 Seiten

Höltin; Riedel: Projektion der Brownschen Bewegung,PhyS 27(1998),S.194
H.Junge: Die Brownsche Molekularbewegung beobachtet in der Millikan-Kammer, MNU 39(1986), S.86; (S.90: Avogadrokonstante)
F.Kober: Lavoisier kontra Stahl, MNU 39(1986), S.73
Loschmidt kontra Avogadro, MNU 36(1983), S. 460
F.Langensiepen: Zwei Standardversuche in neuer Versuchstechnik, (Brownsche Bewegung und Ölfleckversuch), PdN-Ph.4/38 (1989), S.6
G.Latzel(Hrsg.): **Periodensystem und Chemische Bindung**, Themenheft, PdN-Ch.7/43 (1994)
R.Schwaneberg: Die Brownsche Bewegung im Unterricht der Sekundarstufen I und II, phys.did.13/1986, Heft 1.- *H.Tietze:* Die Brownsche Bewegung - historisch und didaktisch gesehen, PhuD 22(1994), S.300-308

Koppelmann; Kronfeld; Wiese: Zeeman-Effekt und Resonanzfluoreszenz in einfachen Demonstrationsversuchen, PdN-Ph.7/34, (1985), S. 41-47
Koppelmann; Pfaffe: Unterrichtsversuche zurAtomphysik,PhuD 3/85, S.181
Koppelmann; Weber: Tonfrequenz-Modulation von Laser-Licht, PdN-Ph.9/80, S.257(darin: Zeemaneffekt, S.260:),

J.Teichmann: Kathodenstrahlen und Elektronen, in: Scharmann/Schramm (Hrsg.): Festschrift für W.Kuhn, Aulis Verlag, Köln 1984, S.345-359

W.R.Theis: Deduktive oder induktive Behandlung der Faradayschen Elektrolysegesetze? MNU 51(1998), S.237

Radioaktivität

R.Franik (Hrsg.): **Radioaktivität**, Themenheft, PdN-Ch.6/43(1994)
Hecht; Lindberg: Versuche zum exponentiellen Abfall, MNU 8/1963,S.344
H.Kant: BEQUEREL u. die Frühgeschichte der Radioaktivität, PhyS 15/77
Kellner; Kunze: Zur Behandlung des radioaktiven Zerfalls im Unterricht -
 Simulation mit dem Mikrokomputer, PdN-Ph.3/81, S.76
F.Langensiepen (Hrsg.): **Radioaktivität, Themenheft**, PdN-Ph.3/44 (1995)
A.Pais: Zwei...Fragen aus der Frühzeit der Radioaktivität, PhuD 4/80, S.161
D.Schledermann: Die Forschungen von *Julius Elster* und *Hans Geitel* -
 hauptsächlich auf dem Gebiet der Radioaktivität, PdN-Ph.6/83, S.163
H.Wahl: Zur Statistik des radioaktiven Zerfalls, MNU 5/1991, S.291-296
W.Zastrow: Der radioaktive Zerfall in statistischer Behandlung, MNU 2/69

Röntgenstrahlen

Barke; Röllecke: Max von Laue: ein einziger Gedanke - zwei große
 Theorien. PdN-Ch. 48(1999) Nr.4 (mit Laser-Versuchen)
H.Brockmeyer: Zur experimentellen Behandlung der Röntgenstrahlen im
Unterricht, PdN-Ph.22(1973), S.73.- Das Moseleysche Gesetz und seine
sogenannten Abschirmkonstanten, PdN-Ph.8/74, S.202.- Das Röntgen-
spektrum und der Aufbau der Atomhülle, PdN-Ph.1/76, S.5-10.- Aufnah-
me und Auswertung von Debye-Scherrer-Diagrammen, PdN-Ph.4/1969 u.
Brockmeyer; Grüll: Elementare Auswertung von Laue-Diagrammen, S.96
I.Buchholz: Die Indizierung....von Laue-Aufnahmen, PdN-Ph.9/81, S.261
Gronemeier; Kranz: Bragg-Reflexion von cm-Wellen, an einem dreidimen-
 sionalen Gitter aus Metallkugeln, PdN-Ph.3/40(1991), S.43
Harreis; Hingmann: Zur anschaulichen Interpretation von Laue-Reflexen
 an einem kubischen Raumgitter, PdN-Ph.8/86, S.2-8
Stork; Westphal: Laue-Diagramme in der Sekundarstufe I, MNU 7/51(1998)

Wärmestrahlung

H.Brockmeyer: Herleitung der Strahlungsgesetze aus der Planckschen
 Strahlungsfunktion, PdN-Ph.7/28(1979), S.178
R.Grabow: Zur Vorgeschichte der Planckschen Strahlungsgleichung
 (1) und (2), PhyS 12/75 und 1/76
E.Rückl: Plancksches Wirkungsquantum, Wiensches Verschiebungs-
 gesetz, Stefan-Boltzmann-Gesetz, PdN-Ph.4/42(1993), S.44
J.Strnad: J.Stefan: Wärmeleitfähigkeit der Gase und Strahlungsgesetz,
 PdN-Ph.1/43(1994), S.41
C.Strutz: Die Konstanten i. d. Strahlungsgesetzen, PdN-Ph 1/49(2000),S.43
M.Weitzel: Qualitativer Nachweis des Wienschen Verschiebungsgesetzes
 MNU 26(1973), S.30

Atommodelle von W.Thomson (Lord Kelvin) und J.J.Thomson

O.Löhr: Verbesserung und Anwendung des Thomsonmodells im Chemieunterricht, (I) S.51-57
M.Päsler: Vor 150 Jahren geboren (Hittorf, Kirchhoff, W.Thomson) PhysBl. 12(1974)
K.Wagner: Thomson-Modell und Elektrizitätslehre, (I) S.43-50

Rutherfords Streuexperimente und Atommodell

H.Dirks: Die Rutherfordstreuung als Einstieg in die Atomphysik,PdNPh4/36

R.Fichtner: Gedankenexperimente zur Quantenphysik - dargestellt in Kurzfilmen, MNU 31(1978). Darin auf S. 153: Rutherford-Verteilung
Zur experimentellen Prüfung der Rutherfordschen Streuformel in der Schule, PhuD 2, 1982, S.116-134
Hoppenau, Eggerts: Ein einfaches Experiment zur Rutherfordstreuung, PdN-Ph 3/84, S.65-72

W.Kaiser: 100 Jahre Elektron - oder die Vielschichtigkeit eines physikalischen Entdeckungsprozesses. Phys.Bl.53(1997), S.855(u.a.Rutherford)
Kuhn-Seibert: Ernst Rutherford und seine großen Entdeckungen, PdN-Ph 6/81, S.161-165

A.May: Moderne Schulexperimente zum Rutherfordschen Atommodell, PdN-Ph 3/83, S.83-88 (darin: Streuformel S.87)
F.Reichspfarr: Das Atommodell von Rutherford. Seine didaktische Rechtfertigung und die Methodik seiner Vermittlung, (III), S.117-141 (mit Modellversuchen, auch zu Lenards Elektronenabsorption)

W.Rieder: Eine elementare Herleitung der Rutherfordstreuung MNU 5/45(1992), S.304
M.Rode: Die Winkelverteilung.- Ausgangspunkt zu einem elementaren Verständnis des Rutherford-Versuchs, PdN-Ph 3/41,(1992),S.31-34
S.Schmoldt: Der Rutherfordsche Streuversuch - Ein Schülerversuch am Modell, NiU-Ch 8(1979) Nr.6

J.Seibert: Zum 100.Geburtstag von Rutherford, DPG Fachausschuß Didaktik der Physik, Gießen 1981, Tagungsband S.273-279

J.Wulftange: Das Atommodell von Rutherford. Seine Leistung für die Wissenschaft und seine Grenzen, (III) S.108-116

Atomspektren: Linienserien und ihre Gesetze

D.Becker-Neetz: Kann *Balmers* Formel nur glücklich erraten werden?
PdN-Ph 2/43(1994), S.41
G.Berg: Balmers Bedeutung für die Entdeckung der Seriengesetze der
Spektrallinien, PdN-Ph 4/89, S.9
Bredthauer; Wessels: Eine Erschließung der Balmerformel im Unterricht,
MNU 39(1986), S.91-93
Handraschko: Herleitung der Balmerschen Serienformel mittels Tabellen-
kalkulation, PhuD 17(1989), Nr.4
F.Hund: Die Rolle der Atomspektren beim Werden der Quantenmechanik,
MNU 29(1976) S.385-389
Keune-Dämmgen: Die Seriengesetze für die Linien des Wasserstoff-
spektrums, MNU 40(1987) S.344-349
J.Weninger: Die Balmerformel im Unterricht, MNU 19(1966/67), S.455

Bohrs Atomtheorie

O.Bubke: Ist das Bohrsche Atommodell wirklich für die Schule ungeeignet?
MNU 37(1984) S.433.- *O.Höfling:* Pladoyer für die Behandlung des
Bohrschen Atommodells in der Schule, MNU 31(1978), S.290-291

I.Buchholz: Experimenteller Nachweis des Effekts des mitbewegten Kerns
im Bohrschen Atommodell, PdN-Ph 3/83, S.88-91

D.Hoffmann: Von der Entdeckung des Elektrons bis zur quantentheoretischen Erkenntnis der Atomstruktur, PhyS 23(1985), Nr.9

U.Hoyer: Didaktische Aspekte der Bohrschen Atomtheorie, PhuD 1/75, S.1
H.-W.Kirchhoff: Zum Bohrschen Energiestufenmodell, DPG-Fachausschuss
'Didaktik der Physik', Gießen 1986, S.348-353
R.Kottsieper: Das Bohrsche Atommodell unter Berücksichtigung des
Drehimpulses, MNU 22(1969), S.223-226
G.Sauer: Didaktische Aspekte der Bohrschen Atomtheorie MNU 31(1978)
A.Wagner: Die didaktische Bedeutung einer Behandlung des Bohrschen
Atommodells, (III) S.152-171

U.Wegener: Bemerkungen zur Darstellung des Korrespondenzprinzips,
PdN-Ph 8/1980, S.229

J.Wulftange: Das Bohrsche Atommodell, Grundvorstellung und Bedeutung,
(III) S.142-151

Das Wasserstoffatom. Atommodelle nach Bohr

H.-J.Bayer: Schülervorstellungen beim Übergang vom Bohrschen zum wellenmechanischen Atommodell, DPG Fachausschuß Didaktik der Physik, Gießen 1986, Tagungsband S.249-256

Bents, Kuhn, Seibert: Das Atommodell von Langmuir (1921), DPG Fachausschuß Didaktik der Physik, Gießen 1981, Tagungsband S.285-289

G.Berg: Niels Bohr und Walter Kossel - Frühe Beiträge zur Deutung des Aufbaus der Elektronenhülle der Atome, PdN-Ph 4/89, S.12-14

Erb; Kuhn; Seibert: Bohrsches Atommodell und Franck-Hertz-Versuch. Stabilitätsproblem, Korrespondenzprinzip, PdN-Ph.6/1985, S.10

Harreis; Schmitz: Die Erweiterung der Bohrschen Theorie des Atoms zur Bohr-Sommerfeldschen Theorie mit Hilfe der Keplerschen Gesetze, MNU 28/1975, S.199.-204.-*F.Reichspfarr:* Energie der Kepler-Ellipse und Sommerfeldsches Atommodell, PdN-Ph 5/22 (1973), S.129-134

J.Laux: Bewegungen im Zentralkräftefeld, MNU 27(1974), S. 282 (darin auf S.284: Energien bei der Bohrschen Atomtheorie)

G.Perlewitz: Die Ionisierungsenergie und der Aufbau der Atomhülle MNU 40(1987), S.357

Rückl, Ebinghaus: Genese der Atommodelle mit dem Feldenergiekonzept, PdN-Ph 4/38(1998), S. 21/22

G.Sauer: Die Stabilität des Wasserstoffatoms, PhuD 3, 1983 (173-182)

W.Touché: Atommodelle im Chemie- und Physikunterricht der gymnasialen Mittelstufe, PdN-Ph 4/89, S.2-6

F.Weinert: Das Energiestufenschema der Atomhülle - eine inhaltliche Unterrichtsanregung, PdN-Ph 2/75, S.39-42

Wiesner; Müller: Stabilität und Spektrum der Atome, PhyS 34(1996) 2, S.48

Weninger, Dierks, Marcus: Der Übergang von der Atomhypothese zur Kern-Elektron-Hypothese, MNU 27(1974), S.426 und MNU 28(1975), S.430

K.Wohlrabe: Bohrsches Atommodell und H-Spektrum, PhyS 4/89, S.121

Franck-Hertz-Versuch. Stern-Gerlach-Experiment. Comptoneffekt

H.G.B.Casimir: Die Bedeutung des Stern-Gerlach-Experiments für die
   Entwicklung der Quantentheorie, Phys.Bl.37 (1981) Nr.3, S.57/58
Bohnenkam; Freese: Elektronische Steuerung des Franck-Hertz-Versuchs,
   MNU 29(1976), S.356
H.Göhler: Quantitative Experimente zum Compton-Effekt
   (1) PdN-Ph.11/29(1980), S.333; (2) PdN-Ph 12/80, S.377
   Ein quantitatives Schulexperiment zur Relativitätslehre,
   PdN-Ph.1/37(1988), S.24 (mit Formel zur Comptonstreuung)

H.Harreis (Hrsg): **Graphische Verfahren und einfache Zugangsmöglichkeiten zur relativistischen Physik**, Themenheft (mit Computerprogrammen zu Comptoneffekt und Paarvernichtung), PdN-Ph.46(1997), Heft 2
Harreis; Treitz: Graphische Darstellungen zur relativistischen Dynamik,
   insbesondere zum Compton-Effekt, MNU 50(1997), S.285 u. S.347

H.Hilscher: Quantitative Demonstration der Comptonstreuung im
   Physikunterricht, PdN-Ph.4/36 (1984), S.32-27
H.Hübel: Compton-Effekt im klassischen Wellenmodell, PdN-Ph.7/85, S.37
Jodl; Müller: Diskrete und kontinuierliche Größen in der Physik am Beispiel der Energie (Franck-Hertz-Versuch), PdN-Ph.8/25(1976), S.208
H.Junge: Eine quantitative Versuchauswertung zum Compton-Effekt,
   MNU 30(1977), S.22
H.-W.Kirchhoff: 1914/1994: 80 Jahre Franck-Hertz-Versuch. Zur geschichtlichen Entwicklung. DPG Fachverband 'Didaktik
   der Physik', Hamburg 1994, Tagungsband S.445-450
   1922/1992 - 70 Jahre Comptoneffekt und Stern-Gerlach-
Versuch. DPG Fachverband 'Didaktik der Physik', Berlin 1992, S.535-538
Kuhn; Stöckler: Ein Effekt und viele Theorien. Historische und wissenschaftstheoretische Betrachtungen zum Compton-Effekt,
   PdN-Ph.1/34(1985), S.25-36
Lichtfeld; Corati: Variationen des Franck-Hertz-Experiments im Oberstufenunterricht, PhyS 33(1995), S.9
M.Mrowka: Franck-Hertz-Versuch ohne Meßverstärker, PdN-Ph.2/94, S.27

K.Schäfer: Didaktische, methodische und physikgeschichtliche Bemerkungen zum Compton-Effekt, PdN-Ph.4/29(1980), S.97-113
J.Strnad: Der Compton-Effekt - nicht relativistisch,PdN-Ph.4/36(1987),S.29
Wegener-Horstmann: Klassische und relativistische Compton-Rückstreuung
   im experimentellen Vergleich, MNU 41(1988), S.451.-Dazu:
Krämer, Überlgrün, Bormann: Diskussionsbeitrag, MNU 42(1989), S.179

Quantenmechanik

Zur Historie und Didaktik

U.Benz: Der akademische Lehrer Arnold Sommerfeld, Phys.Bl.7/78
F.Bopp: Zu Max Borns...Deutung der Quantenphysik,MNU 38(1985), S.385
E.C.Cassidy: Werner Heisenberg und das Unbestimmtheitsprinzip,
    Spektrum der Wissenschaft, Juli 1992
F.Hund: Die Rolle der Atomspektren beim Werden der Quantenmechanik
    Werner Heisenberg 5.12.1901 - 1.2.1976, MNU 29(1976), S.193/385
Max Born, Göttingen u. d. Quantenmechanik, Phys.Bl.38(1982), S.349
W.Kuhn: Werner Heisenberg, PdN-Ph.3/30(1981), S.92-94

Brachner; Fichtner: Quantenmechanik im Unterricht I, PhuD 2/1974, S.81
*Gabriel; Garber:*Einführung in die Quantenphysik. Mit Photonen oder
    Elektronen?, PhuD 3/30 (1981), S.189-201
Göritz; Wiesner: Wie verstehen Schüler Probleme der Quantenphysik?
    PdN-Ph 3/33(1984), S.90-92.
Kreztschmar; Reising: Ein Experiment zur (*Einführung in die*) Quanten-
    physik (*des Lichts*) im Schulunterricht, PhuD 3/37(1988), S.230
W.Kuhn: Quantenphysik in der Kollegstufe, PU 10(1976), Heft 4, S.91-112
Kuhn; Strnad: 60 Jahre de Brogliesche „Materiewellen" - eine wissen-
    schaftstheoretische Nachlese, PdN-Ph.12/33(1984), S.353-363
M.Lichtfeld: Quantenphysikalische Begriffs- und Wortbedeutungsentwick-
    lung bei Schülern, MNU-Physikvorträge...., Heft 48, II/1991, S.105-116
Müller; Wiesner:....Konkrete und abstrakte Vorstellungen in der Quanten-
    physik (Ideen der Quantentheorie im Unterricht), PhyS.33(1995),Nr.12
G.Sauer: Photonen im Physikunterricht, PdN-Ph.12/32(1983), S. 362-266
G.Simonsohn: Probleme mit dem Photon im Physikunterricht, PdN-Ph.9/81
H.Wiesner: Verständnisse von Leistungskursschülern über Quantenphysik,
    NiU-Ph.34(1996), Heft 3(Teil 1) und Heft 4 (Teil 2)

Themenheft: PhyS.32(1994), Heft 7/8

Das Dualismusproblem

F.Bader: Kann u. soll man auf d. Dualismus verzichten?MNU 30('77),S.287
Kniest; Seibert: Der Comptoneffekt. Ein wissenschaftliches Lehrstück zum
    Dualismusproblem. PdN-Ph.4/48(1999), S.9-11
*W.Kuhn:*Zur Entmythologisierung d. Dualismusproblems. Physikhistorische,
    wissenschaftstheoretische und didaktische Überlegungen.PdN-Ph.7/34(1985
*J.Strnad:*Wellen u.Teilchen i.Unterricht der Quantenmechanik,PdN-Ph.8/80

Schrödingergleichung. Potentialtopf

H.Baumbach: Die Erarbeitung..einiger Grundbegriffe der Quantenmechanik durch die Behandlung des linearen Potentialtopfes..., PdN-Ph. 8/80,S.233

U.Erhardt: Numerische Lösung der Schrödinger-Gleichung - Aufenthaltswahrscheinlichkeit des Elektrons...des Wasserstoffatoms, MNU(1991) S.207

R.Fichtner: Ein Weg zur Schrödinger-Gleichung für das Elektron,PhuD3/78

Mehr: Numerische Lösung der Schrödinger-Gleichung,MNU31(1978),S.385

H.Niedderer: Stehende Seilwellen mit variabler Massendichte zur eindimensionalen Simulation der Ψ-Funktion im H-Atom, PU 1/1984, S.64

R.Peichert: Die eindimensionale Schrödinger-Gleichung für Farbstoffe mit linearem π-System, MNU 30(1977), S.36

J.Schreiner: Modelle der stationären Zustände im H-Atom, PhuD 1,1977;82 (zu Chladnischen Klangfiguren s. PdN-Ph.2/45(1996), S.10-19)

H.-J.Walf: Atomphysik mit computerunterstützung - numerische Lösung der Schrödingergleichung, PdN-Ph.4/36(1987), S.11

H.W.Zimmermann: Das Teilchen im Potentialtopf, MNU 33(1980). 1.Teil: Klassische Mechanik und Bohrsche Quantenmechanik, S.13. 2.Teil: Schrödingersche Wellenmechanik und statistische Thermodynamik, S.71

Vorträge beim DPG-Fachausschuß 'Didaktik der Physik', Gießen 1983:

H.Nidderer: Mechanische Analogieexperimente für Wellenfunktionen in verschiedenen Potentialtöpfen, Tagungsband S.516-524

H.Wiesner: Zur Quantenphysik in der Schule. Kritische Anmerkungen zur Behandlung des eindimensionalen Potentialtopfes, Tagungsband S.591

Unbestimmtheitsprinzip. Messprozess

U.Karrenberg: Experimentelle Darstellung der Unschärferelation in der Akustik, PdN-Ph.4/29(1980), S.119

G.Raffelt: Physikalische Theorie der Trompete in Analogie zu quantenmechanischen Resonanzphänomenen, PhuD 1,1984, S.10-35

G.Sauer: Anwendungen der Unschärfebeziehungen, PdN-Ph.4/1980, S.113

G.Sauerzapfe: Über ein Problem, verursacht durcheine zu stark vereinfachende Beschreibung des mehrdimensionalen Potentialtopfes, MNU 40/2

Schmincke, Wiesner: Zur Quantenphysik in der Schule (1): Der quantenmechanische Meßprozeß, phys.did. 5(1978), S.91-108
(2): Die Heisenbergsche Ungleichung, phys.did. 7(1980), S.35-55

R.Schwanenberg: Unbestimmtheit - Ein grundlegendes Orientierungselement der Quantenphysik, PU 15(1981), Heft 1, S.16
Die Bedeutung der Unbestimmtheitsrelationen für das Lehren und Lernen der Quantenphysik, phys.did 1/1978

Philosophie und Wissenschaftstheorie

H.Gerstberger: Aspekte der Realismusdebatte in der Quantentheorie
MNU 4/47(1994), S.206-209
Heege; Schwanenberg: „Komplementarität" im Physikunterricht?
PU 15(1981), Heft 1, S.28-42
B.Kanitscheider: Determinismus, Berechenbarkeit und Freiheit,
PdN-Ph. 6/33(1984), S.161
W.Kuhn: Die Idee der Komplementarität, PdN-Ph.7/34(1985), S.12-17
Kuhn; Hedrich; Müller: Was hat Lorentz' „Schmetterlingseffekt" mit
Heisenbergs „Unschärfen" zu tun?, PhuD 2, 1993, S.99-109
W.Kuhn (Hrsg.): **Atomphysik und Erkenntnis**, Themenheft,PdN-Ph.6/1985
--*Bents; Kuhn; Seibert:* Bohrs Ablehnung der Lichtquantenhypothese auch
um den Preis der Nichterhaltung der Energie - Die BKS-Theorie, S. 13
--*M.Euler:* Komplementarität und Ganzheit jenseits der Physik - *Bohrs*
Einheit der Erkenntnis anhand der Wahrnehmung aktualisiert, S.34
--*Kuhn; Seibert:* Das Bohrsche Atommodell....,Korrespondenzprinzip, S.5-9
--*Schäfer; Kuhn:* Niels Bohr u. Albert Einstein: das Streitgespräch dauert an
W.Kuhn (Hrsg.): **Physik und Philosophie**, Themenheft. PdN-Ph.4/48(1999),
mit Beiträgen zur Quantenmechanik

K.-H.Lotze(Hrsg): **Quantenphysik - Vom Gedanken- zum Realexperiment**,
Themenheft. PdN-Ph.8/48 (1999)
Müller; Bajajova; Bettner: Makroskopische Quantenphänomene und das
Paradoxon von Schrödingers Katze, PdN-Ph.6/44(1995), S.18-28
Müller; Schmincke; Wiesner: Atomphysik und Philosophie.- *Niels Bohrs*
Interpretation der Quantenmechanik, PhyS 34, 165, 1996
H.-J.Schlichting: Naturwissenschaft zwischen Zufall und Notwendigkeit,
PdN-Ph.1/42(1993), S.35-44
Schlichting; Backhaus: Arnolds Katze im Wunderland, MNU 45(1992), S.3
U.Krengel: Diskussionsbeitrag dazu, MNU,45(1992), S.183
F.Schlögl: Wahrscheinlichkeit und Information in der Physik
PdN-Ph.5/48(1999), S.2-12 (darin: Quantentheorie S.10)
Schmincke, Wiesner: Zur Quantenmechanik in der Schule. (I): Die Bohrsche
Fassung der Kopenhagener Deutung, PdN-Ph.9/31(1982), S.257
J.Strnad: Eine einfache Näherung bei Mehrelektronensystemen, phys.did.
2/82.- Über das Periodensystem zum Ausschließungsprinzip,PdN-Ph 3/82
U.Wegener: Bemerkungen zur Darstellung des Korrespondenzprinzips und
des Verhältnisses Quantenmechanik - klassische Physik in
einigen Schulbüchern, PdN-Ph.8/29(1980), S.229
H.Wiesner: Die statistische Interpretation der Quantenphysik oder: Einstein
contra 'Kopenhagen', phys.did.6, 1979, Heft 3, S.147ff

Kernphysik

R.Becker: Ein Modell zur Darstellung der Kernkräfte im Physikunterricht, PhuD 2,1983, S.161-164
U.Bolle: ...zur Behandlung des α-Zerfalls im Unterricht, PdN-Ph.9/84,S.283
Brandt; Schneider: Computersimulation physikalischer Experimente..., MNU 29(1976), S.321 (darin: Wien-Filter S.325)
R.Fichtner: Das Gamowsche Modell des α-Zerfalls, PhuD 2,1984,S.117-134
Heckmann; Munzinger: Der Tunneleffekt, PhuD 4/1978, S.273 (Analogieversuche an der Wellenwanne)
Kuhn, Seibert, Bents: Vor fünfzig Jahren: Außergewöhnliche Erfolge der Physik, PdN-Ph.12/31(1982), S.353-366
H.Melcher: Potentialwall und -mulde i.Freihandversuch, PhuD 1,1983, S.62
A.Urban: Nuklidmasse - Kernmasse - Atommasse, PdN-Ph.7/44(1995), S.32

Untersuchung der Kernstrahlung

H.Brockmeyer: Nachweis und Untersuchung der Alphasstrahlung im Unterricht, DPG-Fachausschuß 'Didaktik der Physik', Gießen 1981, Tagungsband S.59
G.Gauf: Die Bestimmung der Geschwindigkeit und der spezifischen Ladung von α-Teilchen mit den Ablenkkammern für Nuklearstrahlung, contact Nr.8(März) 1974, Leybold-Didact
H.Hilscher: α-, β- und γ-Spektroskopie mit einem Szintillationszähler, PdN-Ph. 3/33(1984), S.77-81
S.Hoppenau: ....Betastrahlung in Luft mit schul. Mitteln? PdN-Ph.3/82,S.84
Hoppenau; Rascher: Wechselwirkung von γ-Strahlung mit Materie, demonstriert mit einem Schulspektrometer, PdN-Ph. 11/32(1983)
Schulspektrometer für α- und γ-Strahlung, PdN-Ph.3/33(1984), S.81-89
Janetzki; Glanz: Ereigniszähler für Demonstrationsexperimente, PdN-Ph. 3/33 (1984), S.73-75
J.v.d.Lip: Die Ablenkung von β-Strahlen im Magnetfeld, PdN-Ph.5/94,S.45
Rascher, H: Wechselwirkung von α-Strahlung....PdN-Ph.12/32(1983), S.81
Rascher; Hoppenau: Zur Unterscheidung von α- und γ-Strahlung aufgrund ihrer Wechselwirkung mit Materie, PdN-Ph.12/33(1984), S.364-371
E.Rückl: Beta- und Gammastrahlung, Reichweite und Absorption, PdN-Ph.3/44 (1995), S.25
ders.: Rückstreuung von Betastrahlung an Materie - Eine experimentelle Ermittlung der Gesetzmäßigkeiten in der SI, PdN-Ph.4/33(1984), S.28
Schwankner; Eiswirth: Alpha-Zerfall in der kontinuierlichen Nebelkammer (Geiger-Nuttal-Beziehung), MNU 39(1986), S.139 (S.142: Tunneleffekt)

Quanten-/Kernphysik ('Theoretische Physik' in der JS.13)

W.Südbeck(Hrsg.)**Elementare Atomphysik**,Themenheft,PdN-Ph.8/40(1991)
--*Gronemeier, Kranz:*Näherungsweise Berechnung von Energiezuständen
  und Ionisationsenergien einfacher Atome und Atomionen, S.2
Näherungsrechnungen von Ionisationsenergien innerer Elektronen
  in schweren Atomen, S.8
Näherungsweise Berechnung des Grundzustandes des H_2-Moleküls, S.10
Näherungsweise Berechnung der Energie des Grundzustandes
  des H_2^+-Molekülions, S.13
Grundzustand im Atom und im Atomkern als Zustand minimaler
  Gesamtenergie (Heisenbergsche Unbestimmtheitsrelation), S.16
Berechnung atomarer Energien mit einem modifizierten Bohrschen
  Modell unter Verwendung des Minimalprinzips der
  Gesamtenergie (Arbeitsblätter, Klausuraufgaben), S.20-27

Gronemeier-Kranz Gegenüberstellung von Atom/Atomhülle und Atomkern,
  PdN-Ph. 2/41(1992), S.41
Gegenüberstellung energetischer Größen und Gleichungen für Photonen u.
  Ruhmasse-Teilchen....für den Physikunterricht, PdN-Ph.1/94, S.35
Energieniveaus in atomaren Ein-Elektron-Systemen, 2/43(1994), S.33
Grundzustand in atomaren Ein-Elektron-Systemen, 2/43(1994), S.36
Gegenüberstellung von Orbitalmodell und Bohr-Sommerfeldschem
  Atommodell, PdN-Ph.2/43(1994), S.38
Energie des Grundzustandes von atomaren Zwei-Elektronen-
  Systemen, PdN-Ph.3/43(1994), S.44
Atomtheorien (Bohr/Sommerfeld) und Quantenmechanik
  (Schrödinger/Dirac), PdN-Ph.4/43(1994), S.34
Elementare Herleitung relativistischer und nicht relativistischer
  quantenmechanischer Formeln, PdN-Ph.7/45(1996), S.42
W.R.Theis: Begründung diskreter Eigenwerte für gebundene Zustände,
  ohne Lösung der Eigenwertgleichung, PhuD 3, 1994, S.198

G.Becker-Bender (Hrsg.): **Aspekte der Quantentheorie**, PU 12/1978,Heft 1
--*G.Becker-Bender:* Der Bohr-Einstein-Dialog über die Quantentheorie
--*N.Bohr:* Kann man die quantenmechanische Beschreibung der
  physikalischen Wirklichkeit als vollständig betrachten? S.63
--*Einstein; Podolski; Rosen:* Kann man die quantenmechanische Beschrei-
  bung der physikalischen Wirklichkeit als vollständig betrachten? S.56
--*K.M.Meyer-Abich:* Komplementarität - Die Sprache und die
  Einheit der Physik, S.73
--*R.U.Sexl:* Kann man die Quantenmechanik verstehen? S.15

Konstanten und ihre Messung

H.Brockmeyer: Bestimmung des Planckschen Wirkungsquantums mit Röntgenlicht, PdN-Ph.11/18(1969), S.294.- Die Bestimmung der Avogadroschen Konstanten aus Kristalleigenschaften, PdN-Ph.12/26(1977), S.330
W.Komenda: Optischer Nachweis der Franck-Hertz-Linie im Hg-Spektrum - Ein neuer Weg zur h-Bestimmung in der Schule.
Physik Regional 1/99, S.6; Bez.-Reg. Köln-Düsseldorf/Fortbildung
Kuhn; Roth; Seibert: Bestimmung des Planckschen Wirkungsquantums aus dem Wienschen Strahlungsgesetz, PdN-Ph.8/29(1980), S.243
F.Langensiepen: EinVerfahren zur Bestimmung des Planckschen Wirkungsquantums mit in der Schule vorhandenen Mitteln, PdN-Ph.11/81,S.321
H.Reibstein: Elementare Berechnung der Planckschen Konstanten und der Loschmidtschen Zahl auf klassischer Grundlage: MNU 22(1969), S.139
Wilke, Patzig, Tronicke und *Stahlke, Diemon:* Versuche zur Bestimmung des Planckschen Wirkungsquantums, PhyS 35(1997), Heft 10

Falke; Kunze: Vorschläge zur Verbesserung der Meßgenauigkeit bei der e/m-Bestimmung mit dem Fadenstrahlrohr, PdN-Ph.6/30(1981)
Th.Hildebrand: Elektronen im Magnetfeld mit $\vec{v} \uparrow \vec{B}$ (Klausur zur e/m-Bestimmung nach Busch)u.Fadenstrahlrohr einmal anders, PdN-Ph.6/45(1996)
H.Nägerl: Zur Didaktik des Fadenstrahlrohrs, PdN-Ph.1/35(1986), S.43
M.Rode: Zur Bestimmung von e/m(Schülerexperiment), PdN-Ph.6/83, S.191
U.Uffrecht: e/m-Bestimmung nach der Methode von Busch,MNU(1976),162
F.Voit: Die Busch-Methode zur Bestimmung von..e/m, MNU 24/75, S.171.- Die direkte Messung von v und eine e/m-Bestimmung, PdN-Ph.1/72, S.1
K.H.Wiederkehr: Die Entdeckung des Elektrons. Die ersten e/m-Messungen und die Bestimmung der Elementarladung, MNU 52/3(1999), S.132-139

W.Czech: Methodisch-didaktische Anregungen zum Millikan-Experiment, PdN-Ph.4/39(1990), S.39-43.- 'Die Bestimmung der Elementarladung mit dem Millikan-Gerät', Leybold contact, Heft 7, Seite 8
H.Junge: Die Brownsche Molekularbewegung......Millikan-Kammer, MNU 39(1986), S.86 (darin: Avogadrokonstante S.90)
F.Seel: Zahlenwert der Avogadro-Konstante, MNU 33(1980), S.407
E.Seus: Zur Brownschen Bewegung (Loschmidtsche Zahl), PdN-Ph.5/78
P.Seyfried: Neubestimmung der Avogadro-Konstanten, Phys.Bl.40/84,Nr.12
H.Sprickerhof: Millikan, die Simulation zur Elementarladung; COMET-Verlag für Unterrichtssoftware; Cornelsen Software 1992
Teubner; Hofmann; Goebel: Ein neuer Schulversuch zur Bestimmung der Moleküldimensionen u. der Avogadroschen Zahl, MNU 23(1970), S.300

Zusammenfassende Darstellungen. Experimente. (Fotoeffekt)

Brachner; Fichtner: Doppelspaltversuch mit Elektronen etc., Film 8F 436
Daraus 20 farbige Abbildungen (Kleinformat) im Buch ders. Autoren
'Quantenmechanik für Lehrer und Studenten', Schrödel, Hannover 1977
Brunsmann; Scharmann; Theiss: Ein Experiment zur Schalenstruktur der
Atome, MNU 34(1981), S.217
R.Fichtner, Gedankenversuche zur Quantenphysik, MNU 3/31(1978), S.150
G.Pospiech: Gedankenexperimente zur Quantenphysik, PhyS 1/37(1999)
Harreis; Bäuerle: Ionisierende Strahlen I (mit Aufgaben) und II (mit Lösungen) Klett Studienbücher (143 Literaturangaben); Stuttgart 1982

W.Kuhn(Hrsg.)*:* Handbuch der experimentellen Physik, Sekundarbereich II,
Aulis Verlag Deubner & Co, Schriftleitung *H.-G.Holz*
Band 8: Atome und Quanten, Köln 1996
Band 9: Kerne und Teilchen I, Köln 2000
Band 10: Kerne und Teilchen II, Köln 2000
H.Melcher: Demonstrationsexperimente zu Interferenzen an Raumgittern
(zu Max von Laues 100.Geburtstag), PhyS 10/79
H.Niedderer: Stehende Seilwellen mit variabler Massendichte zur eindimensionalen Simulation der Ψ-Funktion im H-Atom, PU 1/1984, S.64
K.G.Schröder: Membranschwingungen als Modell für Wellenfunktionen
des H-Atoms in einem Demonstrationsversuch, PdN-Ph.4/36(1987),S.16
v.Philipsborn; Geipel: Neuartige Schul- und Praktikumsexperimente zur
Radioaktivität, Phys.Bl. 55(1999) Nr.9, S.67
P.Schmüser: Von der Welle zum Teilchen - vom Teilchen zur Welle. Grundideen der Quantentheorie im Lichte neuerer Experimente, PdN-Ph.8/1999
R.Schwankner: Radiochemie-Praktikum(UTB 1068),Schöningh 1980, 277 S.

H.Jodl: Anmerkung zur Behandlung des Zeitfaktors beim Photoeffekt,
MNU 29(1976), Heft 5, S.282
G.Otto: Die Entdeckung des Photoeffekts, MNU 24(1971), Heft 5, S.291
Raabe; Müller: Der äußere lichtelektrische Effekt, PhyS 3/90 und 4/90
J.Seibert: Ein physikalisches Labor vor 100 Jahren (Lenards Messungen
zum lichtelektrischen Effekt 1891), PdN-Ph.8/42(1993), S.35
K.F.Weinmann: Die Entwicklung der Lichtquantentheorie, PU 12/78, Heft 1

PRAXIS-Schriftenreihe Physik, Aulis Verlag Deubner & Co, Köln,(Band)
M.Gläser: Die Nebenkammer im experim. Unterricht, (33)1976, 128 Seiten
M.Gläser: Das Neutron im experimentellen Unterricht, (43)1985,109 Seiten
Graewe; Sohr: Atomphysik in exemplarischer Darstellung,(32)1975,112 S´n
W.Salm: Zugänge zur Quantentheorie, (56)1999, 190 Seiten

Schriftliche Übungen (Klausuren, Tests). **Referate**

M.Barth: Röntgenspektralanalyse und Moseley-Gesetz, PdN-Ph.5/93, S.32

H.Brockmeyer: Das Röntgenspektrum und der Aufbau der Atomhülle,
PdN-Ph.1/1976 (geeignet für Abiturthemen)

W.Czech: Das Streuexperiment von Rutherford (LK-Klausur), PdN-Ph.12/82
Entwicklung der Atommodelle (GK-Klausur), PdN-Ph.3/83, S.93
Natürliche Radioaktivität (GK-Klausur), PdN-Ph.3/84, S.94
W.Czech (Hrsg.): Unterrichtsmaterialien Physik (Loseblattsammlung),
Stark-Verlag, Freising. Darin vom Hrsg. Aufgaben zu Themen wie
'Wasserstoffähnliche Atome'; 'Die erste künstliche Kernumwandlung';
'Wider den Atomismus', 'Der Millikan-Versuch'

Dwingelo-Lütten; Ilgen: Abituraufgaben mit Schülerexperimenten (Wasserstoffatom, Comptoneffekt), MNU-Physikvorträge..Heft 48,II/1991, S.93-104
Hildebrand; Unkelbach: Vom freien Fall mit Luftreibung zum Wasserstoffatom (mit Klausuraufgabe), PdN.-Ph.6/35(1996), S.20-25

M.Eckert: Sommerfeld und die Anfänge der Atomtheorie, Physik in unserer
Zeit 26(1995)1 (geignet für Schülerreferate)
H.Kant: Wilhelm Conrad Röntgen und die Entdeckung der X-Strahlen vor
100 Jahren, PhyS 33(1995)11. Entsprechend in SPEKTRUM (1995)9;
sowie *G.Landwehr* in Phys.Bl.51(1995)10; geeignet für Schülerreferate
E.Schrödinger: Der Grundgedanke der Wellenmechanik (Nobelvortrag1933)
Phys.Bl.22(1966), Heft 3, S.3-12, oder aus „Was ist ein Naturgesetz",
Oldenburg-Verlag, München-Wien 1962 (geeignet für Referat)

C.Rühenbeck: Thema: Natrium Spektrum (Kursarbeit), PdN-Ph. 6/45(1996)
W.Südbeck: Thema: Röntgenstrahlung (Leistungskurs), PdN-Ph.5/80, S.153
Thema: Spektrallinien (Leistungskurs), PdN-Ph.7/82, S.218

Materialienhandbuch Physik - Auswerten, Interpretieren, Üben; Aulis-
Verlag Deubner &Co, Köln 1994/1998 (schriftl.Übungen mit Lösungen)
H.-W.Kirchhoff (Hrsg.): Band 6: Quanten- und Kernphysik,75 Übungen
H.Lambertz (Hrsg.): Band 8:Wärme - Atom-u.Kernmodelle,34 Übungen

Klausuren aus PdN-Ph.8/80
H.-J.Nestler: Photonen u.Materiewellen, GK: Einführung in die Quantenph.
L.Weyand: Quantenphysik des Lichts und des Elektrons
W.Czech: Radioaktives Allerlei (LK)

Atomlehre im Chemieunterricht

H.R.Christen: Kimball- und Gillespie-Modell i. didaktischer Sicht,(III)S.239
H.tom Dieck: Bemerkungen zur quantentheoretischen Atomtheorie.Molekülorbitalmodelle und ihre experimentelle Rechtfertigung, (III) S.205-221
Das Gillespie-Modell.und seine Brauchbarkeit... und ein einfaches Strukturmodell.ohne quantenmechanische Voraussetzungen, (III) S.222-238
H.Eckardt: Das Schalenmodell nach Kossel und Lewis und seine Verfeinerung. Didaktische Überlegungen zur genetischen Entwicklung, (III)S.185
F.Kober: Wie streng ist die Oktettregel? MNU 35(1982), Heft 7, S.417-424
R.Lemke: Ionisierungsenergie und Elektronenkonfiguration von Atomen, PdN-Ch.8/48(1999)
H.Reichardt: Die Grundlagen des Kimball-Modells, MNU 18(1965), S.347

Zur Physikgeschichte etc. im Physikunterricht
Themenhefte
- Beiträge zur Geschichte der Physik, PU Heft 4/82
- Unterrichtsmodelle mit historisch-genetischem Ansatz, PU Heft 3/83
- Historisch-genetische Verfahren im Physikunterricht, phys.did.15(1988) Nr.3/4
- Geschichte der Physik, PdN-Ph.8/41 (1992)
- Historisches im Physikunterricht, PhyS 29(1991), Heft 5:

J.Bruhn: Gedankenexperimente in der Mechanik - Beispiele für histori
 sche Betrachtungen, S.181
I.Grosche: Beispiele für das Einbeziehen historischer Entwicklungen in
 den Physikunterricht, S.185
W.Krug: Historische Experimente im Physikunterricht, S.175
W.Manthei: Historische Reflexionen im Physikunterricht aus methodischdidaktischer Sicht, S.169
P.Engelhardt: Zur Rolle der Physikgeschichte im Physikunterricht, phys.did. 8(1981) Nr.4
E.Hunger: Über einige Probleme der philosophischen Vertiefung des Physikunterrichts, MNU 16(1963/64), S.433.- Naturphilosophische Fragen im Physikunterricht, MNU 17(1964/65),S.99-109
H.-W.Kirchhoff: Galilei und der Energieerhaltungssatz der Mechanik, PdN-Ph. 3/30, (1981), S.79-83
W.Kuhn: Das didaktische Potenzial der Physikgeschichte,PdN-Ph.3/49(2000)
G.Leder: Erziehung am Vorbild großer Physiker und Erfinder, PhyS 1/2'82
H.Meyling: Zur Wissenschaftstheorie im Physikunterricht (Teil 1), PhuD 21(1993), S. 213-217. (Teil 2), PhuD 22(1994), S. 19-25
A.Ziegler: Die Behandlung der Kraft in der Sekundarstufe II mit Hilfe von historischen Texten, PdN-Ph.2/48(1999), S.36

Register

A

α-Teilchen	51, 93
α-, β-Strahlung	46ff
α-Zerfall	94
Aepinus-Modell (Kelvin)	43
Äther	38, 57
Aktivität des Strahlers	49
Alkaliatome, Spektren	70ff
Ampère	39, 71
Anderson	102
Äquivalent, elektrochem.	23
Äquivalentgesetz	23
Äquivalentgewicht	10, 23
Aristoteles	7
Arrhenius	29
Aston	45, 95
Atomgewicht	16, 18
Atomkern	51
Atomradius	27
Atomwärme	21
Aufbauprinzip	78
Ausschließungsprinzip	78
Austrittsarbeit	57
Auswahlregel	72, 76
Avogadro	18, 30
Avogadrokonstante	28
Avogadrosche Regel	18, 25, 28

B

Bahndrehimpuls	71
Bahnmagnetismus	73
Balmerformel	53
Barkla	65
Becquerel	42, 44ff
Berthollet	11
Berzelius	19f
Beschleuniger	103
Beta-Umwandlung	101
Bohr, Nils	62ff, 105
Bohrsches Magneton	74
Bohr-Sommerfeld-Modell	69ff
Boltzmann(-konstante)	54, 80f
Born, Max	86, 89
Bothe	82, 98
Boyle	8
Bragg	66
Brownsche Bewegung	81
v.d.Broek	52
de Broglie	85

C

Cannizzaro	28
Cavendish	10, 30
Chadwick	52, 97f
de Chancourtois	32
Clausius und Krönig	25
Cockcroft u. Walton	103
Comptoneffekt	82f
Coulombkraft	50
Coulombmeter	23
Crookes	37
Crookessche Röhren	35
Curie(Slodowska), Marie	44ff
Curie, Pierre	44ff
Curie(-Joliot), Irène	98ff
['Die Joliot-Curies'	98ff]

D

Dalton	15ff
Davisson und Germer	85
Davy	13, 22
Debye	69, 73, 81f, 104
Demokrit	7
Descartes	9
Determinismus	91
Deuteron, Deuterium	97, 100
Dirac	89, 102, 106, 108
Dissoziation	29
Döbereiner	32
Drehimpuls, Bahn-	71
Drehkristallmethode	66
Dualismus	81, 91
Duane und Hunt	68
Dumas	21, 30, 32
Dulong, Petit	21
Durey	100
Dynamidenmodell	51
Dynamismus	9

E

Eigenwertproblem	87
Einstein	58, 81, 89, 104
Elektrochemie	12
Elektrolyt	13
Elektron, Name	37
Elektronen, innere Schalen	68
Elektronenbeugung	85
Elektronenspin	77f
Elektronentheorie	40
Element: Begriff	8, 9
Element, elektrochemisches	13
Elementarladung	31
Elster u. Geitel	45f
Emanation	45
Energie des Strahlers	48
Energiestufenmodell	63
Entartung	69, 71
Entropie	80f

F

Faraday	23f, 34
Faradaykonstante	31
Feinstruktur	73
Fermi	101
Franck-Hertz-Versuch	64ff
Fraunhofer	53
Frequenzterm(schema)	62
Friedrich u.Knipping	68

G

Gammastrahlung	46, 94
Gamow	94
Gasdruck	25
Gasentladungen	34ff, 52
Gasgesetze	18, 25, 28
Gastheorie, kinetische	25
Gassendi	7
Gay-Lussac	18
Geiger	49, 51, 95
Geiger und Bothe	82
Geiger und Marsden	46, 51
Geiger-Nuttalsche Regel	49, 94
Geigerzähler	49
Gesamtdrehimpuls	77
Geisslersche Röhre	34
Gesetz der	
-konstanten Proportionen	9, 10
-multiplen Proportionen	15
Gitterspektroskop	53
Goldstein	34ff, 52
van de Graaff	103
Greinacher	103
Griechische Naturlehre	8
Gyromagnet. Verhältnis.	77
Grotthus	22

H

Haas, Atommodell	61
Hamilton	87
Heisenberg	86, 90, 107

v. Helmholtz	24, 31
Hertz, Gustav	64ff
Hertz, Heinrich	37
Hess	102
Hittorf	29, 35
Hobbes	9
Höhenstrahlung	102
Hohlraumstrahlung	54
A.v.Humboldt	18
Hundsche Regel	78
Hylemorphismus	7

I
Impuls des Lichtquants	82
Interkombinationslinie	65
Ionentheorie	29
Ionisationskammer	49
Ionisierungsspannung	64ff
Isotopie	45

J
Jeans	50, 54, 64
Joliot, Jean Frédéric	98ff
Jordan	86
Jungius	8

K
Kanalstrahlen	52, 96
Kathodenstrahlen	34ff
Kaufmann	101
Kausalität	91
Kekulé	30
Kernkraft	93
Kernladung, effektive	70
Kernladungszahl	52, 97
Kernradius	93
Kernspurplatten	102
Kirchhoff	33, 53f
Kohlrausch	29
Kombinationsprinzip (Ritz)	62
Komplementarität	91, 105
Kontinuumstheorie	11
Kopenhagener Deutung	91
Korpuskularhypothese	11
Korrespondenzprinzip	69, 105
Kramers	82
Kossel	68, 78
Kreisel, atomarer	73, 75
künstliche	
--Elementumwandlung	96, 103
--Radioaktivität	103

L
Landé-/g-Faktor	76f, 106
Laplacescher Dämon	91
Larmorfrequenz	41, 73
v.Laue	68
Lavoisier	10
Lawrence	103
Lebensdauer, mittlere	90, 101
Lenard	37, 42, 50, 56
Lichtelektrische Gleichung	57
Lichtquanten	57, 81
Linienbreite, natürliche	90
Linienserien des H-Atoms	62
Linienspektren, Messungen	62
Löchertheorie	106
Lorentz	40f
Lorentztriplett	41, 74f
Loschmidt	27f

M
Mach, Ostwald	24
magnet. Dipolmoment	73
Magneton, Bohrsches	74
Marsden	96
Masse	10
Massenspektrograph	95
Materialisation	102
Materiewelle	85
Matrizenmechanik	86
Maxwell	25f, 38
Mechanistische Philosophie	8

Mendelejeff	33
Messprozess	107
Meyer, Lothar	33
Meyer, Viktor	33
Millikan	31 57, 102
Molekülbindung	92
Molvolumen	28
Moseley	52, 68

N

Nagaoka	50
Nebelkammer	93, 95
Nebenquantenzahl	70ff
Nernst	29
Neutrino	101
Neutron	98
Newlands	32
Nicholson	61, 63
Nomenklatur, chemische	19

O

Objektivierbarkeit	107
Ordnungszahl	32, 52, 78f
Orbitale	92
Orientierungsquantenzahl	74

P

Paarerzeugung/vernichtung	102
Parabelmethode	46, 95
Pauli, Wolfgang	76ff, 101, 106
Periodizität	32, 43
Periodisches System	32f, 52, 78
Perrin	37, 50
v.Pettenkofer	32
Photoeffekt	56f, 64, 104
Planck	54f
Plancksche Konstante h	55ff
Planetenmodell	50
Plücker	34

Positivismus	24
Positron	102, 106
Potentialkasten/-topf	92
Potentialwall	94
Proton	97ff
Proust	10
Priestley	15

Q

Quantelung der Energie	55
Quantelung der Ladung	24
Quantenmechanik	84ff
Quantentheorie	
- halbklassische	84, 108
Quantenzahl, magnetische	74

R

Radioaktivität	44ff
Radioaktivität, künstliche	46, 103
Rayleigh	54, 60
Relativitätstheorie	71, 106
Resonanzlinie	65
Richter	10
Richtungsquantelung	74
Ritter	14, 23
Röntgen(X-)strahlen	44, 67ff
Röntgenstrahlung	
-chrakteristische	68
-Bremsstrahlung	68
Royds	46
Rutherford	45ff, 96ff, 103
Rutherfordsche Streuformel	51
Rutherfords Atommodell	51f
Rydberformel	53, 68

S

Scholastik	7
Schrödinger	87f
Schuster	37
Schwarzer Körper/Strahler	54

v. Schweidler 49; 81
Semiklassische Theorie 104
Sennert 7
Serienformel(Rydberg) 53,68
Soddy 45f, 48
Sommerfeld 69ff, 74, 104
Spannungsreihe 13
Spektralanalyse 33, 53
Spektroskopie 53
Spezifische Ladung 37,42,45,52
Spin (Eigendrehimpuls) 77
Statistik 81
Stark, Johannes 60f, 64, 82
Stefan und Boltzmann 54
Stern, Otto 25, 75, 100
Stern-Gerlach-Versuch 75
Stochastische Deutung 89
Stoner 77
Stoffmenge in mol 28
Stoßionisation 64
Strahlungsgesetze 54
Streuformel von
-Rutherford 51
-Compton 82

T
Thermodynamik 55, 80f
Thomson, Joseph John 42ff
-Atommodell 43, 52f
-electron shells 43
Thomson, William 38, 39
= Lord Kelvin 43
Tunneleffekt 94

U
Übergangselemente 78
Uhlenbeck und Goudsmit 77

Unbestimmtheit(sprinzip) 90
Unschärfe 90

V
Varley 37
Valenz, Wertigkeit 30
Valenzelektronen 56
Verbindungsgewicht 10f
Verschiebungsgesetz(Wien) 54
Voltasche Säule 13f
Vortex-Modell 38

W
Wahrscheinlichkeit 49, 81f
Wahrscheinlichkeitsdichte 89
Wasserstoffähnliche Ionen 66
Wasserstoffisotope 100
Weber, Wilhelm 39
Weglänge, freie 25, 27
Wellenmechanik 87ff
Wenzel 10
Wentzel, Gregor 104
Wertigkeit, Valenz 30
Wien, Wilhelm 52, 54, 81
- Geschwindigkeitsfilter 93
Wilsonsche Nebelkammer 42, 95
Wirkungsquantum 55, 81

Z
Zählrohr 49, 95
Zeeman 40
Zeemaneffekt 40f, 74, 77f
Zerfallsgesetz 45, 49
Zerfallsreihen 45
Zerfallswahrscheinlichkeit 49
Zusatzenergie, magnetische 72
Zyklotron 103

PRAXIS-SCHRIFTENREIHE
PHYSIK

Das Konzept der Reihe:

Die PRAXIS-SCHRIFTENREIHE erscheint in den drei Abteilungen Physik, Chemie und Biologie. Sie ist die umfangreichste Schriftenreihe für den naturwissenschaftlichen Unterricht und hat sich seit Jahren in der Praxis bewährt.
Die PRAXIS-SCHRIFTENREIHE PHYSIK bietet mit ihren zahlreichen Titeln eine reiche Auswahl für den Physiklehrer in den Sekundarstufen I und II. Viele Bände sind darüber hinaus geeignet für den Einsatz in den Grund- und Leistungskursen der Sekundarstufe II – besonders auch für den Gebrauch in Arbeitsgemeinschaften. Außerdem werden zahlreiche Titel in neueren Handreichungen zur Unterrichtsgestaltung in der Oberstufe herangezogen. Aber auch für die Unterrichtsvorbereitung und die fachliche Weiterbildung von Lehrern der Sekundarstufe I ist die PRAXIS-SCHRIFTENREIHE PHYSIK zu empfehlen.

Modellbildung und Simulation mit dem Computer im Physikunterricht
von P. Goldkuhle, Best.-Nr. 3-01980, 164 S., 143 Abb.
Eine Übersicht über den Einsatz des Computers im Physikunterricht mit vielen konkreten Beispielen für S I und S II. Der Band stellt neue methodische Wege der physikalischen Erkenntnisgewinnung durch Computereinsatz vor.

Kernphysikalische Experimente mit dem PC
von C. Jäkel, Best.-Nr. 3-01979, 208 S., 92 Abb.
Dieser Band erklärt die Arbeit mit energiesensitiven Detektoren: wie ihre Signale erfasst und an den PC übertragen werden und wie sie softwareseitig in ein Spektrum umgesetzt werden. Auch Versuchsmöglichkeiten im Physikunterricht werden aufgezeigt.

Entropie und Information
von W. Salm, Best.-Nr. 3-01969, 168 S., 59 Abb.
„Entropie" eröffnet den Zugang zu zahlreichen Alltagsphänomenen, gerade auch in Chemie und Biologie. Dieser Band erklärt anschaulich den Begriff und seine Bedeutung.

Größenordnungen in der Natur
von E. Schwaiger, Best.-Nr. 3-01628, 2. unveränd. Aufl., 136 S., 92 Abb.
Kann man Lebewesen maßstäblich vergrößern oder verkleinern? Dieser Band schafft über das spannende Thema der Größenordnungen eine Verbindung zwischen Physik, Biologie und Chemie.

Akustik in der Schulphysik
von I. Kadner, Best.-Nr. 3-01681, 156 S., 137 Abb.
Sachinformationen zur physikalischen und technischen Akustik, vielfältige Beispiele für Aufgaben und Experimente sowie Vorschläge und Hinweise zur methodischen Gestaltung des Unterrichts.

Chaos
von G. Heinrichs, Best.-Nr. 3-01469, 2. verb. Aufl., 148 S., 132 Abb.
Eine Einführung in die Chaosforschung auf einem dem Kenntnissen von Oberstufenschülern gerechten Niveau.

Zugänge zur Quantentheorie
von W. Salm, Best.-Nr. 3-02166, 192 S., 78 Abb.
Zwei viel versprechende Ansätze, um die Quantentheorie für die Schule „aufzubereiten": Der Ansatz über die Matrizenmechanik und der Ansatz mit Hilfe von Pfadintegralen werden geschildert.

Physik zum Nachdenken
von C. Geckeler und G. Lind, Best.-Nr. 3-02084, 176 S., 135 Abb.
100 alltagsbezogene und auch phantasievolle Olympiade-Aufgaben mit Lösungen.

Lernen beim Experimentieren
von H. Scheu, Best.-Nr. 3-02262, 152 S., 94 Abb.
Nach organisatorischen Ratschlägen zu „Physik-Oberstufenpraktika" folgen Anleitungen zu modernen Messgeräten und -verfahren sowie zu deren Auswertung. Im Praxisteil können diese Erkenntnisse mittels schülertauglicher Versuchsanleitungen unmittelbar umgesetzt werden.

Fliegen – angewandte Physik
von K. Luchner, Best.-Nr. 3-01300, 2. unveränd. Aufl., 108 S., 76 Abb.
Ausführlich und mit realistischen Daten wird die Problematik des Vorgangs „Fliegen" vor dem Hintergrund der physikalischen Grundlagen erläutert.

Einstein und die schwarzen Löcher
von G. Heinrichs, Best.-Nr. 3-01134, 2. Aufl., 236 S., 139 Abb.
Schwarze Löcher – was sind das für seltsame Objekte im Universum? Mögliche Antworten auf diese Frage stehen in engem Zusammenhang mit Einstein und seiner Allgemeinen Relativitätstheorie, auf die ebenfalls eingegangen wird.

Physikalische Olympiade-Aufgaben
von G. Lind, Best.-Nr. 3-00754, 136 S., 76 Abb.
Die gestellten Aufgaben sind für einen Physik-Leistungskurs eine willkommene Gelegenheit, die Kenntnis physikalischer Gesetze und Zusammenhänge kreativ anzuwenden und an neuartigen Problemstellungen auszuprobieren.

AULIS ⓐ VERLAG
Der für Lehrer

AULIS VERLAG DEUBNER & CO KG
Antwerpener Straße 6–12 · D-50672 Köln
Tel. (02 21) 95 14 54-20 · Fax (02 21) 5 18 44 83
E-Mail: info@aulis.de · www.aulis.de

Historische chemische Versuche

Spannend, unterhaltsam und doch lehrreich beschreibt Otto Krätz interessante Begebenheiten aus der Chemiegeschichte und veranschaulicht sie durch 114 exakt beschriebene Experimente. Darunter sind alchemistische Versuche, Versuche mit Kältemischungen, Versuche zur Jahrmarktchemie, zur Geschichte des Rokoko, Experimente mit dem Luftballon, Arbeiten mit dem Lötrohr, Versuche mit Alkohol und zur Konservierung von Lebensmitteln. Faszinierend: das schillernde historische Umfeld.

Otto Krätz:
Historische chemische Versuche
Best.-Nr. 335-01123, Format DIN A5,
285 S., 85 Abb., kart.

Historische Versuche

AULIS ▣ VERLAG
Der für Lehrer

AULIS VERLAG DEUBNER & CO KG
Antwerpener Str. 6-12 · D-50672 Köln · Tel. (0221) 951454-20
Telefax (0221) 518443 · E-Mail: aulis@netcologne.de

Historische physikalische Versuche

Dieses Buch bietet zahlreiche Anleitungen, historische physikalische Experimente mit heutigen Mitteln durchzuführen und einfache historische Experimentalgeräte nachzubauen. Darüber hinaus vermittelt das Buch einen originären Einblick in die experimentelle Arbeit großer Physiker der Vergangenheit, in die dabei aufgetretenen Probleme, die beschrittenen Lösungswege, die daraus gewonnenen Erkenntnisse. Eine Fülle von Motivationsanreizen für jeden Physikunterricht.

Hans-Joachim Wilke:
Historische physikalische Versuche
Best.-Nr. 335-01067, Format DIN A5,
285 S., 85 Abb., geb.